U0169583

智能建筑综合布线工程

主　编　张振中
副主编　文杰斌　李　宁　李　杰

西南交通大学出版社
·成　都·

图书在版编目（ＣＩＰ）数据

智能建筑综合布线工程 / 张振中主编. —成都：
西南交通大学出版社，2020.3
ISBN 978-7-5643-7308-5

Ⅰ. ①智… Ⅱ. ①张… Ⅲ. ①智能化建筑 – 布线
Ⅳ. ①TU855

中国版本图书馆 CIP 数据核字（2019）第 297436 号

Zhineng Jianzhu Zonghe Buxian Gongcheng
智能建筑综合布线工程

主　编 / 张振中　　　　　　　责任编辑 / 穆　丰
　　　　　　　　　　　　　　　封面设计 / 何东琳设计工作室

西南交通大学出版社出版发行
（四川省成都市金牛区二环路北一段 111 号西南交通大学创新大厦 21 楼　610031）
发行部电话：028-87600564　028-87600533
网址：http://www.xnjdcbs.com
印刷：四川森林印务有限责任公司

成品尺寸　185 mm×260 mm
印张　14　　字数　350 千
版次　2020 年 3 月第 1 版　　印次　2020 年 3 月第 1 次

书号　ISBN 978-7-5643-7308-5
定价　39.00 元

前　言

　　智能建筑综合布线工程是指将所有的语音、数据、视频等信号的布线，经过统一的规划设计，综合在一套标准的布线系统中，将智能建筑的三大子系统有机地连接起来。目前，该工程主要应用在智能建筑、智能小区、智能园区以及智能宾馆饭店等领域，是一个有着广阔发展前景的行业。

　　本书是作者在大量智能建筑综合布线工程案例搜集和整理的基础上，结合高职高专的教学要求和特点，对接光网络通信工程师、光通信装维工程师等职业岗位，以智能建筑综合布线系统工程设计→工程的施工→工程的验收工作流程为主线编写而成，概念清晰、内容丰富，着重定位于理论与实践的联系，重点突出实践。本书基于智能建筑综合布线工程实施过程分为两个部分7个模块，其中，模块1为智能建筑综合布线系统概述，主要介绍智能建筑的背景、概念、组成及功能，智能建筑综合布线系统的概念、特点、组成、标准和结构；模块2为智能建筑综合布线工程设计，主要介绍智能建筑综合布线系统的工作区子系统设计、水平（配线）子系统设计、管理间（配线间）子系统设计、垂直（干线）子系统设计、设备间子系统设计、进线间子系统设计、建筑群子系统设计和保护子系统设计；模块3为智能建筑综合布线系统工程施工，主要介绍智能建筑综合布线施工的准备工作、路由通道建设、线缆布放技术、线缆端接技术和设备机柜安装；模块4为智能建筑综合布线系统工程测试，主要介绍电气系统测试、光纤系统测试和常用仪表使用；模块5为智能家庭系统工程，主要介绍智能家居的背景、功能、系统配置和应用场景；模块6为智能监控系统工程，主要介绍智能监控系统的发展历史、功能、组成、构架、工程施工、工程验收和工程维护；模块7为智能门禁系统工程，主要介绍智能门禁系统的功能、组成、构架、工程施工、工程验收和故障处理。

　　全书由湖南邮电职业技术学院张振中副教授担任主编，湖南邮电职业技术学院文杰斌、李宁、成都工贸职业技术学院李杰担任副主编。全书分工如下：张振中负责模块1、2、3、4、6、7的编写工作，文杰斌、李宁负责模块5编写工作，李杰参与了本书的统稿工作，湖南邮电职业技术学院的李儒银老师、中通服项目管理咨询有限公司肖翔军同志为教材编写提供了资料。同时，本书在编写和出版的过程中得到了中通服项目管理咨询有限公司、湖南邮电职业技术学院和西南交通大学出版社各级领导的大力支持与帮助，在此表示衷心的感谢。

　　由于编者水平有限，书中难免有错误和不妥之处，敬请广大读者指正。

编　者

2019年9月于长沙

目　　录

模块 1　智能建筑综合布线系统概述

【模块引入】

随着我国社会生产力水平的不断进步，以及我国计算机网络技术、现代控制技术、智能卡技术、可视化技术、无线局域网技术、数据卫星通信技术等水平的不断提升，智能建筑将会在我国的城市建设中发挥更加重要的作用，将会作为现代建筑甚至未来建筑的一个有机组成部分，不断吸收并采用新的可靠性技术，不断实现设计和技术上的突破，为传统的建筑概念赋予新的内容，稳定且持续不断改进才是今后的发展方向。

智能建筑综合布线系统是为了顺应智能建筑的发展需求而特别设计的一套布线系统。对于现代化的智能建筑来说，布线系统就如人体内的神经，它采用了一系列高质量的标准材料，以模块化的组合方式，把语音、数据、图像和部分控制信号用统一的传输媒介进行系统集成，经过统一的规划设计，综合在一套标准的布线系统中，将现代智能建筑的三大子系统有机地连接起来，为现代智能建筑的系统集成提供了物理介质。

【知识点】

（1）掌握智能建筑的背景、概念、组成和功能；
（2）掌握智能建筑综合布线系统的概念、特点、组成和结构；
（3）掌握智能建筑综合布线的国际和国内标准。

【技能点】

（1）能够描述智能建筑的各部分组成和主要功能；
（2）能够描述智能建筑综合布线系统组成和结构；
（3）能够描述智能建筑综合布线的国际和国内标准。

学习单元 1.1　智能建筑的概述

【单元引入】

智能建筑是指利用系统集成的方法将现代建筑技术、现代计算机技术、现代信息技术和现代控制技术有机结合，通过对设备的自动监控、对信息资源的统一管理和对使用者的信息服务及其与建筑的优化组合，从而为用户提供一个高效、舒适、便利的人性化建筑环境的系统性概念。

1.1.1 智能建筑的背景及概念

1. 智能建筑的背景

1）国外发展背景

智能建筑起源于 20 世纪 80 年代初期的美国，是建筑史上一个重要的里程碑。1984 年 1 月美国康涅狄格州的哈特福特市（Hartford）建立起世界第一幢智能大厦，大厦配有语言通信、文字处理、电子邮件、市场行情信息、科学计算和情报资料检索等服务，实现自动化综合管理，大楼内的空调、电梯、供水、防盗、防火及供配电系统等都通过计算机系统进行有效的控制。在智能建筑的发展过程中，美国一直处于世界领先水平。近年来，在美国新建和改建的办公大楼中，有近 80%是智能型的。

日本在 1985 年开始建设智能大厦，新建的大厦中有近 70%为智能型的。大企业对智能化大楼的建设十分热情，同时，日本政府也积极推动，制定了四个层次的发展规划，即智能城市、智能建筑、智能家庭和智能设备。

2）国内发展背景

在我国，由于智能建筑的理念契合了可持续发展的理念，所以我国智能建筑更多凸显出的是智能建筑的节能环保性、实用性、先进性及可持续升级发展等特点。和其他国家的智能建筑相比，我国更加注重智能建筑的节能减排，更加追求的是智能建筑的高效和低碳。这一切对于节能减排降低能源消耗等都具有非常积极的促进作用。

2. 智能建筑的概念

1）国外概念

美国智能建筑学会（American Intelligent Building Institute，AIBI）对智能建筑定义为：智能建筑通过对建筑物的四个基本要素（结构、系统、服务、管理）以及它们之间的内在关联的最优化考虑，来提供一个投资合理但又拥有高效率的舒适、温馨、便利的环境。智能建筑帮助大楼的业主、物业管理人、租用人等实现费用、舒适、便利以及安全等方面的目标，当然还会考虑到长远的系统灵活性及市场的适应能力。

日本智能大楼研究会（Japan Intelligent Building Institute，JIBI）对智能建筑定义为：智能建筑是指同时具有信息通信，办公自动化服务以及楼宇自动化服务各项功能，并便于智力活动需要的建筑物。

欧洲智能建筑集团（The European Intelligent Building Group，EIBG）对智能建筑定义为：创造一个使用户发挥最佳效率，同时以最低保养成本，最有效地管理本身资源的建筑环境。智能建筑应提供反应快速、高效率和支持力较强的环境，使用户能迅速实现其业务目标。

2）国内概念

修订版的国家标准《智能建筑设计标准》（GB 50314-2015）对智能建筑的定义为：以建筑物为平台，基于对各类智能化信息的综合应用，集架构、系统、应用、管理及优化组合为一体，具有感知、传输、记忆、推理、判断和决策的综合智慧能力，形成以人、建筑、环境互为协调的整合体，为人们提供安全、高效、便利及可持续发展功能环境的建筑。

1.1.2　智能建筑的组成及功能

1. 智能建筑的组成

智能建筑是在建筑这个平台上，由系统集成中心、智能建筑综合布线系统、通信自动化系统、办公自动化系统、建筑物自动化系统五个部分组成，如图 1.1.1 所示。

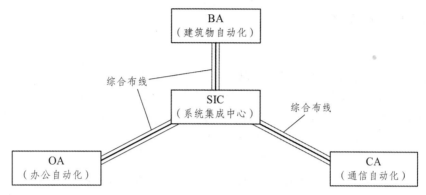

图 1.1.1　智能建筑的组成示意图

1）智能建筑的通信自动化系统（Communication Automation System）

智能建筑的通信自动化系统是保证楼内语音、数据、图像传输的基础，它同时与外部的通信网相连，与世界各地互通信息，通信网络系统是智能建筑的中枢，是把构成智能建筑的三大子系统连接成为有机整体的核心。目前，通信系统主要包括：电话通信网，局域网以及广域网、综合业务数据网、卫星通信网等。

2）智能建筑的办公自动化系统（Office Automation System）

办公自动化系统提供先进的信息处理功能，具有决策支持系统，包括公用信息处理系统和用户专用信息处理系统。公用信息处理系统包括：公用数据库、主计算机系统以及会议电视系统等。用户专业信息处理系统是针对不同用户的专业需要而设的系统，例如分布式办公信息管理系统等。

3）智能建筑的建筑物自动化系统（Building Automation System）

建筑物自动化系统是采用计算机及其网络技术、自动控制技术和通信技术组成的高度自动化的综合管理系统，为建筑物提供了舒适、安全的办公环境，同时实现高效节能要求。建筑物自动化系统通常包括设备控制与管理自动化（BA）、安全自动化（SA）、消防自动化（FA）。但也有时把安全自动化（SA）、消防自动化（FA）和设备控制与管理自动化（BA）并列，形成所谓的"5A"系统。

4）智能建筑的综合布线系统（Structure Cabling System）

一般智能建筑综合布线系统的特点是：将所有的语音、数据、视频信号等的布线，经过统一的规划设计，综合在一套标准的布线系统中，将智能建筑的三大子系统有机的连接起来。智能建筑综合布线系统为智能建筑的系统集成提供了物理介质。

5）智能建筑的系统集成中心（System Integrated Center，SIC）

SIC应具有各个智能化系统信息汇集和各类信息综合管理的功能，通过汇集建筑物内外各类信息以及接口界面标准化、规范化，以实现各子系统之间的信息交换及通信；对建筑物各个子系统进行综合管理，对建筑物内的信息进行实时处理，并且具有很强的信息处理及信息通信能力。

2. 智能建筑的设计要求

1）系统集成

对弱电子系统进行统一的监测、控制和管理：集成系统将分散的、相互独立的弱电子系统，用相同的网络环境以及相同的软件界面进行集中监视，实现跨子系统的联动，提高大厦的控制流程自动化。弱电系统实现集成以后，原本各自独立的子系统从集成平台的角度来看，就如同一个系统一样，无论信息点和受控点是否在一个子系统内都可以建立联动关系。

提供开放的数据结构，共享信息资源：随着计算机和网络技术的高度发展，信息环境的建立及形成已不是一件困难的事。

提高工作效率，降低运行成本：集成系统的建立充分发挥了各弱电子系统的功能。

2）安保措施

根据智能楼宇管理的需要，在智能楼宇周界建立周界安全防范系统，威慑和制止非法入侵、偷盗、破坏等刑事犯罪行为，为打击刑事犯罪创造条件，起到提前预警、争取处理时间、延缓非法活动，缩小和分散被破坏范围以及事后追索、查证的作用，尽可能的将入侵行为制止在外围区域，保障智能楼宇区域的安全。系统设计以防非法入侵、防盗和防破坏为目的，对智能楼宇周界进行全天候24小时监控和记录。

3）防御措施

智能建筑在一、二类建筑物中采用较多，防雷等级通常为一、二级，一级防雷的冲击接地电阻应小于 $10\,\Omega$，二级防雷的冲击接地电阻不大于 $20\,\Omega$，公用接地系统的接地电阻应小于或等于 $1\,\Omega$。在工程中，将屋面避雷带、避雷网、避雷针或混合组成的接闪器作为接闪装置，利用建筑物的结构柱内钢筋作为引下线，以建筑物基础地梁钢筋、承台钢筋或桩基主筋为接地装置，并用接地线将它们良好焊接。与此同时，将屋面金属管道、金属构件、金属设备外壳等与接闪装置进行连接，将建筑物外墙金属构件或钢架、建筑物外圈梁与引下线进行连接，从而形成闭合可靠的"法拉第笼"。建筑物内，将智能系统中的设备外壳、金属配线架、敷线桥架、金属管道等金属构件上安装接地保护线的同时在智能系统电源箱及信号线箱中安装电涌保护器（SPD），从而达到综合防御雷击的目的，确保智能建筑的安全。

4）节能趋势

智能建筑节能是世界性的大潮流和大趋势，同时也是中国智能建筑改革和发展的迫切需求，这是不以人的主观意志为转移的客观必然性，是未来中国建筑事业发展的一个重点和热点。可持续建筑应遵循节约化、生态化、人性化、无害化、集约化等基本原则，这些原则服务于可持续发展的最终目标。从可持续发展理论出发，建筑节能的关键又在于提高能量效率，因此无论是制订建筑节能标准还是从事具体工程项目的设计，都应把提高能量效率作为建筑节能的着眼点。根据我国可持续建筑原则和现阶段国情特点，能耗低且运行费用最低的可持续建筑设计包含了以下技术措施：① 节能；② 减少有限资源的消耗，开发、利用可再生资源；③ 室内环境的人道主义；④ 场地影响最小化；⑤ 艺术与空间的新主张；⑥ 智能化。

3. 智能建筑的功能

1）系统高度集成

从技术角度看，智能建筑与传统建筑最大的区别就是智能建筑各智能化系统的高度集成。

2）节能

以现代化商厦为例，其空调与照明系统的能耗很大，约占大厦总能耗的70%。在满足使用者对环境要求的前提下，智能大厦应通过"智能"分析，尽可能利用自然光和大气冷量(或热量)来调节室内环境，以最大限度地减少能源消耗。按事先在日历上确定的程序，区分"工作"与"非工作"时间，对室内环境实施不同标准的自动控制，下班后自动降低室内照度与温湿度控制标准，这些已成为智能大厦的基本功能。利用空调与控制等行业的最新技术，最大限度地节省能源是智能建筑的主要特点之一，其经济性也是该类建筑得以迅速推广的重要原因。

3）节省运行维护的人工费用

大厦的生命周期一般为60年，启用后30年内的维护及营运费用约为建造成本的3倍。大厦的管理费、水电费、煤气费、机械设备及升降梯的维护费，占整个大厦营运费用支出的60%左右，且其费用还将以每年4%的速度增加。所以依赖智能化系统的智能化管理功能，可发挥其作用来降低机电设备的维护成本，同时由于系统的高度集成，系统的操作和管理也高度集中，人员安排更合理，使得人工成本降到最低。

4）安全、舒适和便捷的环境

智能建筑应能首先确保人、财、物的高度安全以及具有对灾害和突发事件的快速反应能力。智能建筑提供给室内适宜的温度、湿度以及多媒体环境、装饰照明等，可大大提高人们的工作、学习效率和生活质量。智能建筑通过建筑内外四通八达的电话网、电视网、计算机网等现代通信手段和各种基于网络的业务办公自动化系统，为人们提供一个高效便捷的工作、学习和生活环境。

学习单元 1.2　智能建筑综合布线的概述

【单元引入】

智能建筑综合布线系统是为了顺应智能建筑发展需求而特别设计的一套布线系统。对于现代化的智能大楼来说，该系统就如体内的神经，它采用了一系列高质量的标准材料，以模块化的组合方式，把语音、数据、图像和部分控制信号系统用统一的传输媒介进行系统集成，经过统一的规划设计，综合在一套标准的布线系统中，将现代智能建筑的三大子系统有机地连接起来，为现代智能建筑的系统集成提供了物理介质。

1.2.1　智能建筑综合布线系统的概念

1. 传统布线方式

布线是指由能够支持信息电子设备相互连接的各种线缆、跳线、接插件软线和连接器件组成系统过程。传统布线方式是指不同系统的布线相对独立，不同的设备使用不同的传输介质构成各自的网络系统。传统布线方式没有统一的设计规范，由于各个项目之间没有实质性的联系，在总体的工程上没有统一考虑。工程建设与否主要由单位领导或工作需求随意的设置项目，其使用和管理都很不方便，各个项目之间达不到资源共享的目的。同时由于设计方案不同、施工时间各异，致使形成的布线系统存在很大差别，难以互相通用。特别是当工作场所需要重新规划，设备需要更换、移动或增加时，只好重新布设线缆，使得布线工作费时费力、耗资大、效率低下。每一个项目都独立施工，布线随意性很大，中心设备可以和终端设备直接相连，各个终端设备之间也可以随意连接等，使得线缆穿插、交织在一起，导致环境十分的不美观，有时甚至导致各个系统间的信号相互干扰，通信质量下降，还有可能导致信息泄露的情况发生。专属布线系统的这种缺陷不利于布线系统的综合利用和管理，限制了应用系统的发展变化和网络规模的扩充和升级。

2. 智能建筑综合布线系统

1）结构化布线系统（SCS）

结构化布线系统（Structured Cabling System，SCS）是将整个网络系统进行分割，把设备分类为中心设备（中心机房）、二级设备（设备间）、三级设备（管理间）以及终端设备（工作区）。中心设备只允许连接二级设备，二级设备连接中心设备和三级设备、三级设备连接二级设备和终端设备，不允许跨级设备之间的连接。这样就分别建立了终端设备所在的工作区概念，即工作区的终端设备与管理间的三级设备之间连接的水平配线子系统，管理间的三级设备与设备间的二级设备之间连接的垂直子系统以及设备间的二级设备与中心设备之间连接的建筑群子系统的概念。这种布线使得每一部分线路的职能清晰，功能完备。

2）建筑与建筑群综合布线系统（PDS）

建筑与建筑群综合布线系统（Premises Distribution System，PDS）是指将建筑物或建筑群内的各个系统综合起来，线路布置标准化、简单化、综合化，是一套标准的集成化分布式布线系统。它将建筑物内的电话语音系统、数据通信系统、监控报警系统、消防系统、门禁系统、有线电视系统、计算机网络系统、家庭影院娱乐系统等集成在一起，线缆走线统一规划、统一管理，并为每一种系统提供标准的信息插座，以连接不同类型的终端设备。

3）综合布线系统（GCS）

综合布线系统（Generic Cabling System，GCS）是一种模块化、结构化、高灵活性、存在于建筑物内和建筑群之间的信息传输通道。它将相同或相似的缆线以及连接器件，按照一定的关系和通用秩序组合，使建筑物或建筑群内部的语音、数据通信设备，交换设备以及建筑物自动化管理等系统彼此相连，集成为一个具有可扩充的柔性整体，并可以与外部的通信网络相连接，构成一套标准规范的信息传输系统。

4）智能建筑综合布线系统

智能建筑综合布线系统是指将所有的语音、数据、视频等信号的布线，经过统一的规划设计，综合在一套标准的布线系统中，将智能建筑的三大子系统有机地连接起来。智能建筑综合布线系统为智能建筑的系统集成提供了物理介质。智能建筑综合布线系统就是为了顺应智能建筑的发展需求而特别设计的一套布线系统。对于现代化的智能建筑来说，该系统就如体内的神经，它采用了一系列高质量的标准材料，以模块化的组合方式，把语音、数据、图像和部分控制信号系统用统一的传输媒介进行系统集成，经过统一的规划设计，综合在一套标准的布线系统中，将现代智能建筑的三大子系统有机地连接起来，为现代智能建筑的系统集成提供了物理介质。

1.2.2 智能建筑综合布线系统的特点

在传统布线系统中，由于多个子系统独立布线，并采用不同的传输媒介，这就给建筑物从设计和管理带来一系列的弊端。而智能建筑综合布线系统的出现是现代通信领域高科技的结晶，它为用户提供了最合理的布线方式，并依靠其高品质的材料，一改传统布线面貌，为现代化的大厦能够真正成为智慧型的楼宇奠定了线路基础。智能建筑综合布线同传统的布线相比较具有兼容性、开放性、灵活性、可靠性、先进性和经济性六个方面的特点，如表 1.2.1 所示。

表 1.2.1　传统布线系统与智能建筑综合布线系统的比较

特　点	传统布线系统	智能建筑综合布线系统
兼容性	传统的布线方式为一幢大楼或一个建筑群内的语音或数据线路布线时，往往是采用不同厂家生产的产品。不同厂家的产品之间互不兼容，管线规格不同，配线插接头型号各异，从而造成网络内的管线与插接件彼此不同而不能互相兼容	智能建筑综合布线是将语音、数据与监控等设备的信号线经过统一的规划和设计，采用相同的传输媒体、信息插座、交连设备、适配器等，把这些不同信号综合到一套标准的布线中。由此可见,这种布线比传统布线大为简化，可节约大量的物资、时间和空间
开放性	传统的布线方式选定了某种设备，也就选定了布线方式和传输介质。如果要更换为另一种设备，则原来所有的布线必须全部更换。对于一个已经完工的建筑物，增加设备是十分困难的事情	智能建筑综合布线系统中采用国际上统一使用的标准，绝大部分生产厂商的产品都遵守统一的标准，不同厂商的设备可以混合使用

特 点	传统布线系统	智能建筑综合布线系统
灵活性	传统的布线方式是采用封闭的系统,其系统结构是固定的,若要增加或去除某种设备是相当麻烦的,甚至是不可能的	智能建筑综合布线系统中各个子系统都采用统一的网络拓扑结构,使用相同的通信介质,因此智能建筑综合布线可以满足各种不同系统的需求,使用起来非常灵活
可靠性	传统的布线方式由于各个子系统独立设计,且又互不兼容,因而在同一个建筑物中常常有多种不同布线方案,很容易造成各个子系统之间交叉干扰,从而使整个系统的可靠性降低	智能建筑综合布线采用模块化的组合方式,任何一子系统出现故障都不会影响其他子系统的正常运行,这就为整个布线系统的运行维护及故障检修提供了方便,从而保障了智能建筑综合布线系统的可靠运行。各应用系统往往采用相同的传输媒体,因而可互为备用,提高了备用冗余
先进性	传统的布线方式使用电缆作为主要的传输介质,很难适应当前数据网络快速发展的要求	智能建筑综合布线大量采用光纤、光缆作为布线系统的主要传输介质,同时也使用一部分五类、超五类、六类、七类双绞线组成的混合布线网络,以满足当前以及未来数据网络的发展
经济性	传统的布线方式中各个系统独立施工,施工周期长,造成人员、材料及时间上的浪费	智能建筑综合布线过程是对各种线缆统一规划,统一安排线路走向,统一施工的过程,减少了不必要的重复布线、重复施工,节省了线材,节约了人工,从整体上节省了投资,提高了效益

通过表 1.2.1 对于传统布线系统和智能建筑综合布线系统的比较,可以了解传统布线系统的弊端,进一步明确使用智能建筑综合布线系统的必要性。

1.2.3 智能建筑综合布线系统的组成

智能建筑综合布线系统采用模块化结构,一般可以划分为 7 个子系统,它们分别是工作区子系统、水平(配线)子系统、管理间子系统、垂直(干线)子系统、设备间子系统、进线间子系统和建筑群子系统,如图 1.2.1 所示。

新标准的配线子系统与旧标准的水平子系统对应,新增加了进线间子系统,并对管理子系统做了重新定义。旧标准对进线部分没有明确定义,随着智能大厦的大规模发展,建筑群之间的进线设施越来越多,各种进线的管理变得越来越重要,独立设置进线间就体现了这一要求。

1. 工作区子系统

一个独立的需要设置终端设备(TE)的区域宜划分为一个工作区。工作区应由配线子系统的信息插座模块(TO)延伸到终端设备处的连接线缆及适配器组成。

2. 水平（配线）子系统

水平（配线）子系统应由工作区的信息插座模块、信息插座模块至电信间配线设备（FD）的配线电缆和光缆、电信间的配线设备及设备线缆和跳线等组成。

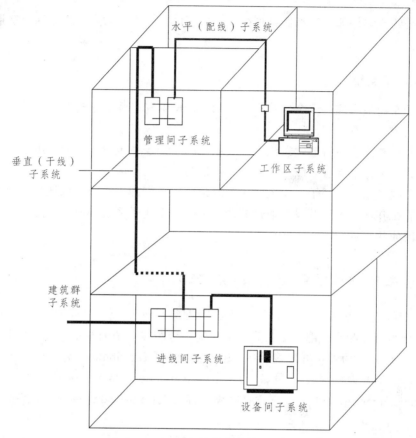

图 1.2.1　智能建筑综合布线系统组成

3. 管理间（电信间）子系统

管理间子系统也称作管理子系统，一般在每层楼都应设计一个管理间或配线间。其主要功能是对本层楼所有的信息点实现配线管理及功能变换，以及连接本层楼的水平（配线）子系统和垂直（干线）子系统。

4. 垂直（干线）子系统

垂直（干线）子系统应由设备间至电信间的干线电缆和光缆，安装在设备间的建筑物配线设备（BD）及设备线缆和跳线组成。

5. 设备间子系统

设备间是在每幢建筑物的适当地点进行网络管理和信息交换的场地。对于智能建筑综合布线系统工程设计，设备间主要安装建筑物配线设备。电话交换机、计算机主机设备及入口设施也可与配线设备安装在一起。

6. 进线间子系统

进线间是建筑物外部通信和信息管线的入口部位，并可作为入口设施和建筑群配线设备的安装场地。

7. 建筑群子系统

建筑群子系统应由连接多个建筑物之间的主干电缆和光缆、建筑群配线设备(CD)及设备线缆和跳线组成。

从功能及结构来看，智能建筑综合布线系统的 7 个子系统密不可分，组成了一个完整的系统。如果将智能建筑综合布线系统比喻为一棵树，则工作区子系统是树的叶子，配线子系统是树枝，干线子系统是树干，设备间子系统是树根，管理子系统是树枝与树干、树干与树根的连接处。工作区内的终端设备通过配线子系统、干线子系统构成的链路通道，最终连接到设备间内的应用管理设备。

1.2.4 智能建筑综合布线系统的结构

智能建筑综合布线系统的拓扑结构由各种网络单元组成，并按技术性能要求和经济合理原则进行组合和配置。图 1.2.2 为智能建筑综合布线系统的基本组成结构图，其中 CD（Campus Distributor）为建筑群配线设备，BD（Building Distributor）为建筑物配线设备，FD（Floor Distributor）为楼层配线设备，CP（Consolidation Point）为集合点（可选），TO（Telecommunications Outlet）为信息插座模块，TE（Terminal Equipment）为终端设备。

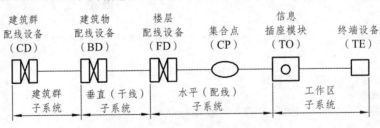

图 1.2.2 智能建筑综合布线基本结构

CD 是用于终接建筑群主干线缆的配线设备；BD 是用于为建筑物主干线缆或建筑群主干线缆终接的配线设备；FD 是用于终接水平电缆、水平光缆和其他布线子系统线缆的配线设备；CP 为楼层配线设备与工作区信息点之间水平线缆路由中的连接点，配线子系统中可以设置集合点，也可不设置集合点；TO 是用于各类电缆或光缆终接的信息插座模块；TE 是用于接入智能建筑综合布线系统的终端设备。

图 1.2.3 中以建筑群配线架 CD 为中心节点，以若干建筑物配线架 BD 为中间层中心节点，相应地有再下层的楼层配线架 FD 和配线子系统。BD 与 BD 之间、FD 与 FD 之间可以通过垂直线缆连接。

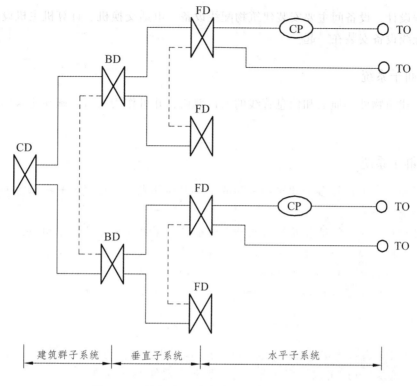

图 1.2.3　智能建筑综合布线系统结构（一）

　　楼层配线设备 FD 可以经过主干线缆直接连接到 CD 上，中间不设置建筑物配线设备 BD。信息插座 TO 也可以经过水平线缆直接连接到 BD 上，中间不设置 FD，如图 1.2.4 所示。

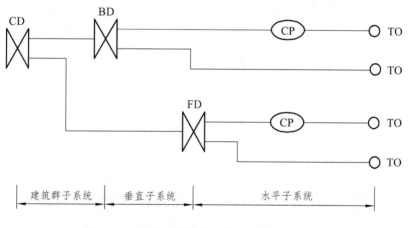

图 1.2.4　智能建筑综合布线系统结构（二）

　　图 1.2.5 中以一个建筑物配线架 BD 为中心节点，配置若干个楼层配线架 FD，每个楼层配线架 FD 连接若干个信息插座 TO，全网使用光纤作为传输介质。

　　楼层配线设备 FD 通过端接（熔接或机械连接）的方式连接水平光缆和垂直光缆，FD 只设置光分路器（无源光器件），不需要其他设备，不需要供电设备，如图 1.2.6 所示。

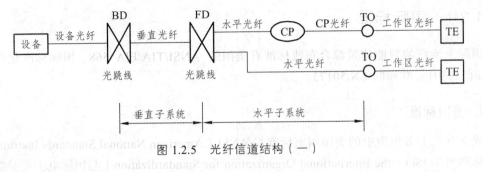

图 1.2.5　光纤信道结构（一）

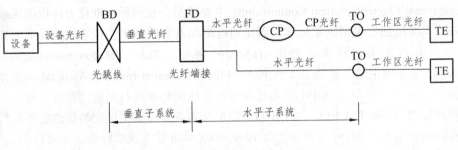

图 1.2.6　光纤信道结构（二）

信息插座 TO 直接连接到建筑物配线设备 BD，可以不设楼层配线设备 FD，如图 1.2.7 所示。楼层配线设备 FD 可以设置光分路器（无源光器件），不需要供电设备，也可以考虑设置光交换机等有源网络设备。

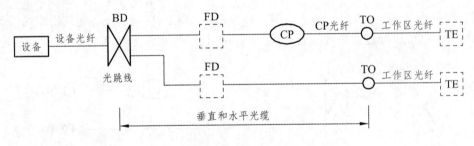

图 1.2.7　光纤信道结构（三）

选择正确的智能建筑综合布线系统结构非常重要，它影响整个智能建筑综合布线工程的产品选型、布线方式、升级方法和网络管理等各个方面。

学习单元 1.3　智能建筑综合布线的标准

【单元引入】

国际标准化委员会 ISO/IEC、欧洲标准化委员会 CENELEC 和美国国家标准局 ANSI 都在努力制定更新的标准以满足技术和市场的需求。在我国，国家质监局和建设部参考这些国际标准并根据我国国情制定了相应的标准，促进和规范了我国智能建筑综合布线技术的发展。

1.3.1 国际标准

国际上流行的智能建筑综合布线标准有美国的 ANSI/TIA/EIA 568、国际标准化组织的 ISO/IEC 11801、欧洲的 EN 50173。

1. 美国标准

成立有八十多年历史的美国国家标准局 ANSI（American National Standards Institute）是国际标准组织 ISO（the International Organization for Standardization）与国际电工委员会 IEC (the International Electrotechnical Commission) 主要成员，在国际标准化方面扮演很重要的角色。ANSI 不直接制定美国国家标准，而是通过组织有资质的工作组来推动标准的建立。智能建筑综合布线的美国标准主要由 TIA/EIA 制定。TIA（Telecommunications Industry Association）是美国电信工业协会，而 EIA（Electrotechnical Industry Association）是美国电气工业协会，这两个组织受 ANSI 的委托对布线系统的标准进行制定。在整个标准文件中，这些组织被称为 ANSI/TIA/EIA。ANSI/TIA/EIA 每隔五年，根据提交的修改意见进行重新确认、修改或删除标准。ANSI 发布了 TIA/EIA 568A 商业建筑线缆标准，经改进后于 1995 年 10 月正式将 TIA/EIA 568 修订为 TIA/EIA 568A 标准。

2. 国际标准

国际标准化组织 ISO（International Organization for Standardization）和国际电工技术委员会 IEC（International Electrotechnical Commission）组成了一个世界范围内的标准化专业机构。在信息技术领域中，ISO/IEC 设立了一个联合技术委员会，简称 ISO/IEC JTC1。由 ISO/IEC JTC1 来制定 ISO/IEC 11801 国际通用标准，目前该标准有三个版本：ISO/IEC 11801 1995、ISO/ISO 11801 2000、ISO/IEC 11801 2000+。

3. 欧洲标准

英国、法国、德国等国于 1995 年 7 月联合制定了 EN50173 欧洲标准，供欧洲一些国家使用，该标准在 2002 年做了进一步的修订。一般而言，欧洲标准 EN50173 与国际标准 ISO/IEC 11801 是一致的，但是欧洲标准 EN50173 比国际标准 ISO/IEC 11801 更为严格。

目前，国际上常用的智能建筑综合布线标准如表 1.3.1 所示。

表 1.3.1　国际智能建筑综合布线标准

制定方	标准名称	标准内容	公布时间
美国	TIA/EIA 568 A1～A5	商业建筑物电信布线标准	1995
	TIA/EIA 568 B1～B3	商业建筑通信布线系统标准	2002
	TIA/EIA 569	商业建筑通信通道和空间标准	1990
	TIA/EIA 606	商业建筑物电信基础结构管理标准	1993
	TIA/EIA 607	商业建筑物电信布线接地和保护连接要求	1994
	TIA/EIA 570A	住宅及小型商业区智能建筑综合布线标准	1998
	TSB 67	非屏蔽 5 类双绞线的认证标准	1995

制定方	标准名称	标准内容	公布时间
美国	TSB 72	集中式光纤布线标准	1995
	TSB 75	开放型办公室水平布线附加标准	1995
欧洲	EN 50173	信息系统通用布线标准	1995
	EN 50174	信息系统布线安装标准	1995
	EN 50289	通信电缆试验方法规范	2004
ISO（国际）	ISO/IEC 11801 1995	信息技术——用户建筑群通用布线国际标准第一版	1995
	ISO/IEC 11801 2000	信息技术——用户建筑群通用布线国际标准修订版	2000
	ISO/IEC 11801 2000+	信息技术——用户建筑群通用布线国际标准第二版	2002

1.3.2 中国标准

国内智能建筑综合布线标准一般有国家标准、行业标准、企业标准和协会标准四类。此外，建设部规定由中国建设标准化协会编制推荐性标准，作为上述四类标准的补充。一般智能建筑综合布线标准皆有编号，如：GB 为国家标准，YD 为行业标准，Q 为企业标准，个别标准则无编号，如《SDH 光缆干线工程全程调测项目及指标》无编号，为工业和信息化部"内部标准"，由中华人民共和国工业和信息化部批准。目前我国主要的智能建筑综合布线标准如表 1.3.2 所示。

表 1.3.2　国内智能建筑综合布线标准

制定部门	标准编号	标准名称	公布时间
中华人民共和国住房和城乡建设部 中华人民共和国建设部 国家质量技术监督总局 （国家标准）	GB 50314-2015	智能建筑设计标准	2015
	GB 50339-2013	智能建筑工程质量验收规范	2013
	GB 50311-2016	综合布线系统工程设计规范	2016
	GB 50312-2016	综合布线系统工程验收规范	2016
	GB 50395-2015	视频安防监控系统工程设计规范	2015
	GB 50198-2011	民用闭路监视电视系统工程技术规范	2011
	GB 50348-2018	安全防范工程技术标准	2018
	GB 50374-2006	通信管道工程施工及验收规范	2006
	GB 50303-2002	建筑电气工程施工质量验收规范	2002
工业和信息产业部 （行业标准）	YD/T 926.1-2018	大楼通信综合布线系统第一部分总规范	2018
	YD/T 926.2-2018	大楼通信综合布线系统第二部分智能建筑综合布线用电缆光缆技术要求	2018
	YD/T 926.3-2018	大楼通信综合布线系统第三部分智能建筑综合布线用连接硬件技术要求	2018
	YD 5124-2005	综合布线系统工程施工监理暂行规定	2006
	YDD 5082-99	建筑与建筑群综合布线系统工程设计施工图集	1999
	YDD 5048-97	城市住宅区和办公楼电话通信设施验收规范	1997
	TD 5010-95	城市居住区建筑电话通信设计安装图集	1995
	TD 5062-98	通信电缆配线管道图集	1998

从现有智能建筑综合布线系统国内标准的总体状况分析，标准的类型和数量都较国外标准多一些，内容也较齐全，具有较好的规范和导向作用。

模块小结

智能建筑综合布线技术的兴起和发展，是在通信技术和电子信息技术快速发展的基础上进一步适应社会信息化和经济国际化需要的结果。智能建筑综合布线的标准主要有美国标准、欧洲标准和国际化标准，我国在这些标准的基础上制定了适合我国国情的标准，且基本与国际上主流标准相一致。智能建筑综合布线系统被划分为工作区子系统、配线子系统、干线子系统、建筑群子系统、设备间子系统、进线间子系统和管理子系统，这7个子系统是相互连接、密不可分的，掌握各个子系统的功能及构成才能做好智能建筑综合布线系统的设计工作。

问题与思考

1. 什么是智能建筑？
2. 智能建筑由哪几部分组成？各具有什么功能？
3. 什么是综合布线技术？
4. 什么是智能建筑综合布线技术？
5. 与传统的布线技术相比，智能建筑综合布线系统具有哪些优点？
6. 智能建筑综合布线系统主要由哪几部分组成？各有什么功能？
7. 智能建筑综合布线系统的基本组成结构有哪些？
8. 智能建筑综合布线系统的国际与国内标准主要有哪些？

模块 2 智能建筑综合布线工程设计

【模块引入】

智能建筑综合布线系统的设计是一项系统工程，作为设计人员必须熟悉设计流程，认真做好用户需求分析，才能设计出行之有效的设计方案以及施工图纸。智能建筑综合布线方案设计在布线工程中是极为关键的部分，重点包括工作区子系统设计、水平（配线）子系统设计、管理子系统设计、垂直（干线）子系统设计、设备间子系统设计、进线间子系统设计、建筑群子系统设计和保护子系统设计等内容。

【知识点】

（1）掌握智能建筑综合布线系统组成和结构，智能建筑综合布线系统设计原则、依据和流程；

（2）掌握智能建筑综合布线系统工程现场勘查和用户需求分析方法；

（3）掌握智能建筑综合布线工作区、水平（配线）、管理间、垂直（干线）、设备间、进线间、建筑群和保护子系统的设计要点和方法；

（4）掌握智能建筑综合布线系统设计方案书的格式和内容。

【技能点】

（1）能够通过现场勘查、用户需求分析确定智能建筑综合布线工程的种类、数量和分布情况；

（2）能够根据现场勘查、用户需求分析的情况设计智能建筑综合布线系统的各个子系统；

（3）能够编制智能建筑综合布线系统设计方案书；

（4）能够熟练套用信息通信建设工程定额册编制智能建筑综合布线系统工程概预算；

（5）能够熟练使用工程绘图软件绘制智能建筑综合布线系统工程拓扑图、平面图和设备图。

学习单元 2.1 智能建筑综合布线系统的总体设计

【单元引入】

智能建筑综合布线系统通常要覆盖一座智能建筑物或几座智能建筑物，因此在整个智能建筑综合布线系统设计的过程中，必须考虑到智能建筑物的实际情况，根据智能建筑物的结构来选择各个子系统的分布及相应的设计方法。

2.1.1 智能建筑综合布线系统设计原则

（1）合理规划，注重系统实用性。智能建筑综合布线工程需要全面考虑用户需求、建筑物功能、当地技术和经济的发展水平等因素。

（2）技术先进，适当超前。智能建筑综合布线工程设计时应采用当前先进的技术、方法和设备，并可适度超前，做到既能反映当前技术水平，又具有较大发展潜力。

（3）标准化的设计。在智能建筑综合布线工程设计时应符合最新的智能建筑综合布线标准，并且还应符合在防火、接地、安全等方面的国家现行的相关强制性或推荐性标准规范。

（4）可扩展性。智能建筑综合布线工程应采用开放式的结构，应能支持语音、数据、图像及监控等系统的需要。在进行布线设计时，应适当考虑今后信息业务种类和数量增加的可能性，预留一定的发展余地。

（5）方便维护和管理。智能建筑综合布线工程应采用分层的星形结构，建成的智能建筑综合布线系统应能根据实际需求而变化，进行各种组合和灵活配置，方便地改变系统应用环境，所有的系统形态都可以借助于跳线完成。

（6）经济合理。在满足上述原则的基础上，力求线路简洁，距离最短，尽可能降低成本，使有限的投资发挥最大的效用。

2.1.2　智能建筑综合布线系统设计流程

智能建筑综合布线工程是一个较为复杂的系统工程，要达到用户的需求目标就必须在施工前进行认真、细致地设计。设计人员可参考图 2.1.1 所示内容进行智能建筑综合布线工程的设计工作。

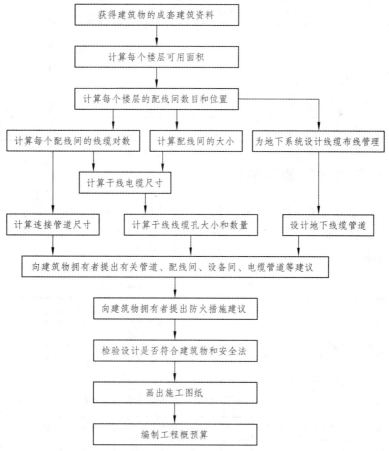

图 2.1.1　智能建筑综合布线系统设计内容

学习单元 2.2　工作区子系统设计

【单元引入】

工作区应由水平干线（配线）子系统的信息插座模块（TO）、延伸到终端设备处的连接线缆及适配器组成。工作区的连接线缆把用户终端设备（如电话机、传真机、计算机等）与安置在墙上的信息插座连接在一起。工作区子系统的布线一般是非永久性的，用户可以根据工作需要随时移动或改变位置。

2.2.1　工作区面积要求

目前建筑物的功能类型较多，大体上可以分为商业、文化、媒体、体育、医院、学校、交通、住宅、通用工业等类型。因此，对工作区面积的划分应根据应用的场合做具体的分析后确定，工作区面积需求可参照表 2.2.1 所示内容。

表 2.2.1　工作区面积划分表

建筑物类型及功能	工作区面积/m^2
网管中心、呼叫中心、信息中心等终端设备较为密集的场地	3~5
办公区	5~10
会议、会展	10~60
商场、生产机房、娱乐场所	20~60
体育场馆、候机室、公共设施区	20~100
工业生产区	60~200

2.2.2　信息点的数量和位置

每个工作区信息点数量可按用户的性质、网络构成和需求来确定。对于用户能明确信息点数量的情况下，应根据用户需求设计；对于用户不能明确信息点数量的情况下，应根据工作区设计规范来确定，具体数量和位置可参考表 2.2.2 所示内容。

表 2.2.2　信息点数量和位置表

工作区类型及功能	信息点位置	信息点数量	
		数据	语音
网管中心、呼叫中心、信息中心等终端设备密集场所	工作台处墙面或者地面	1~2个/工作台	2 个/工作台
集中办公区域的写字楼、开放式工作区等人员密集场所	工作台处墙面或者地面	1~2个/工作台	2 个/工作台
董事长、经理、主管等独立办公室	工作台处墙面或者地面	1~2个/间	1~2个/间
小型会议室/商务洽谈室	主席台处地面或台面	2~4个/间	2 个/间

工作区类型及功能	信息点位置	信息点数量	
		数据	语音
大型会议室，多功能厅	主席台处地面或台面	5～10 个/间	2 个/间
>5000 m² 的大型超市或者卖场	收银区和管理区	1 个/100 m²	1 个/100 m²
2000～3000 m² 中小型卖场	收银区和管理区	1 个/30～50 m²	1 个/30～50 m²
餐厅、商场等服务业	收银区和管理区	1 个/50 m²	1 个/50 m²
宾馆标准间	床头或写字台或浴室	1 个/间	1～3 个/间
学生公寓（4 人间）	写字台处墙面	1～4 个/间	1 个/间
公寓管理室、门卫室	写字台处墙面	1 个/间	1 个/间
教学楼教室	讲台附近	1-2 个/间	
住宅楼	书房	1 个/套	2～3 个/套

设计方案一：如果工作台靠墙布置时，信息点插座一般设计在工作台侧面的墙面，通过网络跳线直接与工作台上的计算机连接，设计参考如图 2.2.1 所示。

设计方案二：如果工作台布置在房间的中间位置或者没有靠墙时，信息点插座一般设计在工作台下面的地面，通过网络跳线直接与工作台上的计算机连接，设计参考如图 2.2.2 所示。

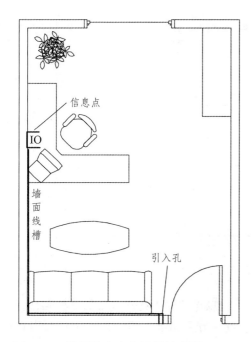

图 2.2.1 墙面信息点位置设计方案一

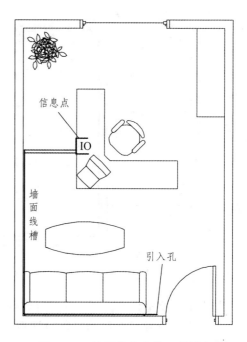

图 2.2.2 地面信息点位置设计方案二

如果是集中或者开放办公区域，信息点的设计应该以每个工位的工作台和隔断为中心，将信息插座安装在地面或者隔断上，设计参考如图 2.2.3 所示。

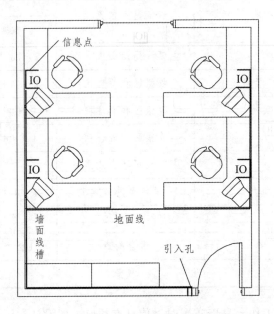

图 2.2.3   集中办公区信息点位置设计

如果是学校学生公寓区域，需要根据学校对生员住宿的规划，房间家具的摆放，合理的设计信息插座位置，尽量保证每个人都设计一个数据信息点，每个房间一个语音信息点，如果条件有限可以考虑多人公用信息点，设计参考如图 2.2.4 所示。

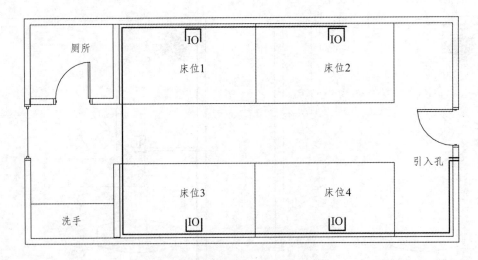

图 2.2.4   学生公寓信息点位置设计

如果是会议室区域，在会议讲台处至少设计一个信息点，便于终端设备的连接和使用，也可以考虑在会议室四周的墙面设计适当数量信息点，方便与会人员使用，设计参考如图 2.2.5 所示。

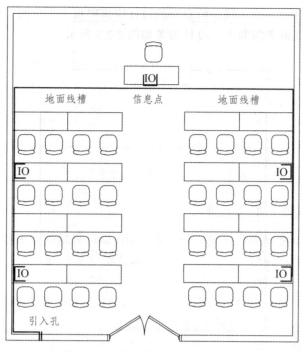

图 2.2.5　会议室信息点位置设计

2.2.3　信息插座、连接器（水晶头）的类型和数量

1. 信息插座的类型和数量

在确定了工作区信息点的数量和位置后，可以确定信息插座的类型和数量。信息插座由面板和底盒两个部分组成，面板设置孔数由需安装的信息点数量决定，每一个面板支持安装的信息点数量可以为 1 个（单孔）、2 个（双孔）或 4 个（四孔）等，计算如公式（2.2.1）所示。每一个工作区信息插座模块数量不宜少于 2 个，特殊场合可以只安装 1 个，并满足各种业务的需求，计算如公式（2.2.2）所示，通过计算可以知道所需采购的实际数量。

面板和底座的数量的计算公式为：

$$P_1 = N + N \times 3\% \qquad\qquad (2.2.1)$$

信息模块的数量的计算公式为：

$$P_2 = A \times N + A \times N \times 3\% \qquad\qquad (2.2.2)$$

其中，A 为信息插座插孔数；N 为信息点的数量；$N \times 3\%$ 为信息插座的富余量；$A \times N \times 3\%$ 为富余量。

工作区子系统的语音插座和信息插座使用明线安装的方式，插座底盒直接安装在墙面上；电源插座使用暗线安装的方式，暗埋方式的插座底盒嵌入墙面。安装在墙上的信息插座的底边和地板之距离为 30 cm。为使用方便，要求信息插座附近配备 220 V 电源插座，根据设计标准电源插座和信息插座安装间距不小于 20 cm，如图 2.2.6 所示。

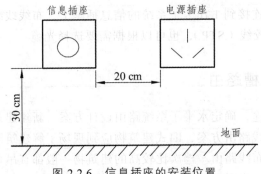

图 2.2.6　信息插座的安装位置

2. 连接器（水晶头）类型和数量

确定了工作区信息插座类型和数量后，接下来可以确定跳线类型和数量。跳线类型可选用非屏蔽超五类线（CAT5e）、六类线（CAT6）或光纤作为传输介质，计算如公式（2.2.3）所示，长度不能超过 5 m。双绞线连接器（水晶头）可选用 RJ-11（语音）连接器或 RJ-45（数据）连接器，计算如公式（2.2.4）所示。光纤连接器可选用 FC 型、SC 型（大方头）、LC 型（小方头）光纤连接器，计算如公式（2.2.4）所示。

跳线的数量的计算公式为

$$P_3 = A \times N + A \times N \times 5\%　　　　　　　　　　　　　　　　（2.2.3）$$

连接器的数量的计算公式为

$$P_4 = 2 \times A \times N + 2 \times A \times N \times 15\%　　　　　　　　　　（2.2.4）$$

其中，A 为信息插座插孔数；N 为信息点的数量；$A \times N \times 5\%$ 为跳线的富余量；$A \times N \times 15\%$ 为连接器的富余量。

【例题】

已知某一办公楼有 6 层，每层 20 个房间。根据用户需求分析得知，每个房间需要安装 2 个数据信息点。请计算出该办公楼智能建筑综合布线工程应定购的信息插座种类和数量是多少？信息模块的种类和数量是多少？连接器的种类和数量是多少？

解答：根据题目要求得知，需要设置数据信息点 $= 2 \times 20 \times 6 = 360$ 个；

信息插座（数据）：P_1（数据）$= 360 + 360 \times 3\% = 370$ 个；

信息模块（RJ45 模块）：P_2（数据）$= 1 \times 360 + 1 \times 360 \times 3\% = 370$ 个；

连接器（RJ45 连接器）：$P_4 = 2 \times 1 \times 360 + 2 \times 1 \times 360 \times 15\% = 828$ 个。

学习单元 2.3　水平（配线）子系统设计

【单元引入】

配线（水平）子系统是指从用户工作区的信息插座连接到管理区的楼层配线架之间的部分，一般采用星形网络拓扑结构。配线（水平）子系统的一端连接到管理子系统的楼层交接箱或楼层配线架，另一端连接到工作区子系统的信息插座上，布线线缆通常会使用非屏蔽双绞线（UTP）或者屏蔽双绞线（STP），也可以根据需要选择光缆。

2.3.1 线管、线槽路由

根据建筑物结构、用途，确定水平子系统路由设计方案。新建建筑物可依据建筑施工图纸来确定水平子系统的布线路由方案，旧式建筑物应到现场了解建筑结构、装修状况、管槽路由，然后再确定合适的布线路由。档次比较高的建筑物一般都有吊顶，水平走线可在吊顶内进行。对于一般建筑物，水平子系统采用地板管道布线方法。

1. 暗敷设布线方式

暗敷设布线方式有天花板吊顶、楼层地板、墙体内预埋管布线三种方式。

1）天花板吊顶内敷设线缆方式

天花板吊顶内敷设线缆方式主要有分区方式、内部布线方式、电缆槽道方式三种，适合于新建建筑和有天花板吊顶的已建建筑的智能建筑综合布线工程，如图 2.3.1 所示。无论哪种方式都要求有一定的操作空间，以利于施工和维护，但操作空间也不宜过大，否则将增加楼层高度和工程造价。此外，在天花板或吊顶的适当地方应设置检查口，以便日后维护检修。

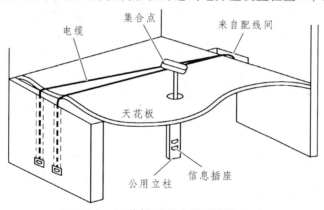

图 2.3.1　天花板吊顶内敷设线缆方式

2）楼层地板下敷设线缆方式

楼层地板下敷设线缆方式在智能建筑综合布线工程中使用较为广泛，尤其对新建和扩建的房屋建筑更为适宜。地板下的布线方式主要有地面线槽布线方式、蜂窝状地板布线方式和高架地板布线方式三种。

地板下槽道布线系统由一系列金属布线通道（通常用混凝土密封）和金属线槽组成。如图 2.3.2 所示，该方式布线是一种安全的布线方法，其优点是：对电缆提供很好的机械保护，减少电气干扰，提高安全性、隐蔽性，保持地板外观完好，减少安全风险。其缺点有：费用高、结构复杂、增加地板重量。

对于建筑结构较好、楼层净空较高的建筑物，还可以采用地面线槽布线法，在原有地板表面加铺不小于 7 cm 厚的垫层，将线槽铺放在垫层中，由于垫层厚度较小，不会减少太多的净空高度，对生活和工作影响不大。

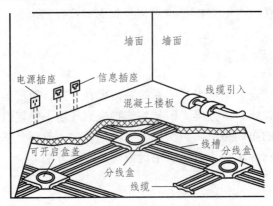

图 2.3.2　地面线槽布线方式

高架地板（也叫活动地板）布线系统由许多方块地板组成。这些活动地板搁置于固定在建筑物地板上的铝制或钢制锁定支架上。这种布线方法非常灵活，而且容易安装，不仅容量大，防火也方便。其缺点是：在活动地板上走动会造成共鸣板效应，初期安装费用昂贵，线缆走向控制不方便，房间高度降低等，如图 2.3.3 所示。

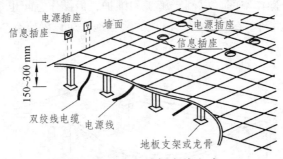

图 2.3.3　高架地板布线方式

蜂窝状地板布线系统由一系列提供线缆穿越用的通道组成，如图 2.3.4 所示，该方式一般用于电力电缆和通信电缆交替使用的场合，具有灵活的布局。根据地板结构，布线槽可以由钢材或混凝土制成，横梁式导管用作主线槽。该布线法具有地板下槽道布线法的优点，且容量更大些；其缺点也同地板下槽道布线法。

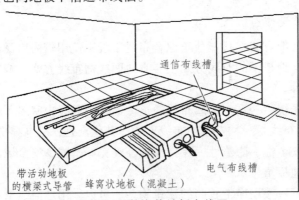

图 2.3.4　蜂窝状地板布线图

3）墙体内预埋管敷设线缆方式

建筑物土建设计时，已考虑智能建筑综合布线管线设计，水平布线路由从配线间经吊顶或地板下进入各房间后，采用在墙体内预埋暗管的方式，将线缆布放至信息插座。

如图 2.3.5 所示，由电信间出来的线缆先走吊顶内的线槽，到各房间后，经分支线槽从横梁式电缆管道分叉后将电缆穿过一段支管引向墙柱或墙壁，预埋暗管沿墙而下到本层的信息出口，或沿墙而上引到上一层墙上的暗装信息出口，最后端接在用户的信息插座上。

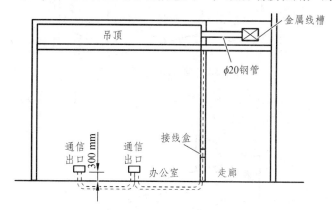

图 2.3.5　墙体暗管方式

2. 明敷设布线方式

明敷设布线方式主要用于既没有天花板吊顶又没有预埋管槽的建筑物，通常采用走廊槽式桥架和墙面线槽相结合方式的来设计布线路由，如图 2.3.6 所示。

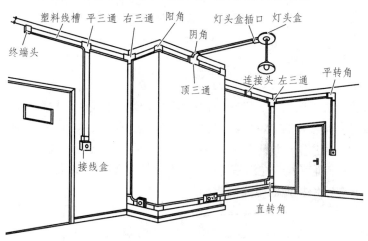

图 2.3.6　墙面线槽方式

通常水平布线路由从楼层配线架 FD 开始，经走廊线槽或线管或桥架连接到每个房间，再经墙面线槽将线缆布放至信息插座。当布放的线缆较少时，从配线（水平）间到工作区信息插座布线时也可全部采用金属桥架方式或墙面线槽方式。楼道采取金属桥架时，桥架应该紧靠墙面，高度低于墙面暗埋管口，直接将墙面出来的线缆引入桥架，如图 2.3.7 所示。

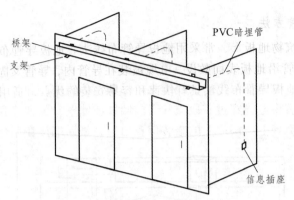

图 2.3.7　楼道安装桥架布线

楼道采取明装线槽时，每个暗埋管在楼道的出口高度必须相同，这样暗管与明装线槽直接连接，布线方便和美观，如图 2.3.8 所示。

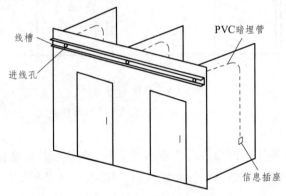

图 2.3.8　楼道明装线槽布线

3. 其他布线方式

1）护壁板电缆槽道布线方法

在旧或翻新的建筑物墙面上，常采用护壁板电缆槽道布线法。护壁板电缆槽道布线方法是由沿建筑物墙壁表面敷设的 PVC 线槽及其配套连接件组成，如图 2.3.9 所示。这种布线结构有利于布放电缆，通常用于墙上装有较多信息插座的小楼层区。电缆槽道的前面盖板是活动的，可以移走。插座可以安装在沿槽道的任何位置上。如果电力电缆和通信电缆同槽敷设，电力电缆和通信电缆需用接地的金属隔板隔开。

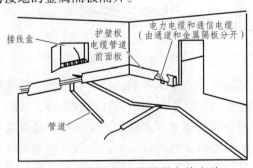

图 2.3.9　护壁板电缆槽道布线方法

2）地板导管布线方法

在旧或翻新的建筑物地板上，常采用地板导管布线法。地板导管布线系统如图 2.3.10 所示，将金属或 PVC 导管沿地板表面敷设，电缆被装在导管内，导管又固定在地板上，而盖板紧固在导管基座上。地板导管布线法具有快速和容易安装的优点，适用于通行量不大的区域（如办公室）。

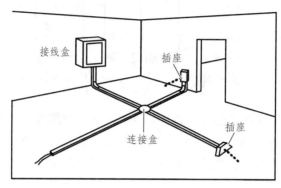

图 2.3.10　地板导管布线方法

2.3.2　线缆的类型和数量

配线（水平）子系统的线缆要依据建筑物信息的类型、容量、带宽或传输速率来确定。双绞线电缆一般是水平布线的首选，但当传输带宽要求较高，管理间到工作区超过 90 m 时就会选择光纤作为传输介质。

1. 线缆的类型

对于屏蔽要求较高的场合，可选择 4 对屏蔽双绞线（STP），对于屏蔽要求不高的场合应尽量选择 4 对非屏蔽双绞线（UTP）。对于有线电视系统，应选择 75 Ω 的同轴电缆。对于要求传输速率高或保密性高的场合，应选择 8.3/125 μm 单模光纤、50/125 μm（欧洲）多模光纤、62.5/125 μm（美国）多模光纤作为布线线缆。

【例题】

已知某建筑物的其中一个楼层采用光纤到桌面的布线方案，该楼层共有 40 个光纤点，每个光纤信息点均布设一根室内 2 芯多模光纤至建筑物的设备间，请问设备间的机柜内应选用何种规格的光纤配线架？数量多少？需要订购多少个光纤耦合器？

解： 根据题目得知共有 40 个光纤信息点，由于每个光纤信息点需要连接一根双芯光纤，因此设备间配备的光纤配线架应提供不少于 80 个接口，考虑网络以后的扩展，可以选用 3 个 24 口的光纤配线架和 1 个 12 口的光纤配线架。光纤配线架配备的耦合器数量与需要连接的光纤芯数相等，即为 80 个。

2. 线缆的长度与数量

按照 GB 50311-2007 国家标准的规定，水平（配线）子系统中对于缆线的长度做了统一规定，水平（配线）子系统各缆线长度应符合图 2.3.11 的划分要求。

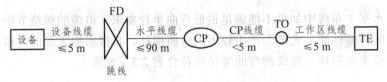

图 2.3.11　配线（水平）子系统缆线划分

配线（水平）子系统信道的最大长度不应大于 100 m。其中，水平缆线长度不大于 90 m，一端工作区设备连接跳线不大于 5 m，另一端设备间（电信间）的跳线不大于 5 m，如果两端的跳线之和大于 10 m 时，水平缆线长度（≤90 m）应适当减少，保证配线子系统信道最大长度不应大于 100 m。

计算整座楼宇的水平布线用线量，首先要计算出每个楼层的用线量，如公式 2.3.1 所示；然后对各楼层用线量进行汇总即可，如公式 2.3.2 所示；最后计算出所有水平电缆用线总量后，应换算为箱数（一箱线缆长度为 305 m），如公式 2.3.3 所示。

每个楼层用线量的计算公式：

$$C=[0.55(A+B)+6]\times N \tag{2.3.1}$$

整座楼的用线量的计算公式：

$$S=\sum MC \tag{2.3.2}$$

订购电缆箱数的公式：

$$订购电缆箱数=INT（总用线量/305） \tag{2.3.3}$$

式中，C 为每个楼层用线量，A 为信息插座到楼层管理间的最远距离，B 为信息插座到楼层管理间的最近距离，N 为每层楼的信息插座的数量，6 为端对容差（主要考虑到施工时线缆的损耗、线缆布设长度误差等因素），M 为楼层数，INT() 为向上取整函数。

【例题】

已知某学生宿舍楼有 7 层，每层有 12 个房间，要求每个房间安装 2 个网络接口，以实现 100 M 接入校园网络。为了方便网络管理，每层楼中间的楼梯间设置一个配线间，各房间信息插座连接的水平线缆均连接至楼层管理间内。根据现场测量知道每个楼层最远的信息点到配线间的距离为 70 m，每个楼层最近的信息点到配线间的距离为 10 m。该幢楼应如何选用水平布线线缆的类型及用线量？应订购多少箱电缆？

解： 由题目可知每层楼的布线结构相同，因此只需计算出一层楼的水平布线线缆数量即可以计算整栋楼的用线量。

要实现 100 Mb/s 传输率，楼内的布线应采用超五类 4 对非屏蔽双绞线。

楼层信息点数：$N=12\times2=24$

一个楼层用线量：$C=[0.55(70+10)+6]\times24=1200$ m

整栋楼的用线量：$S=7\times1200=8400$

订购电缆箱数：$M=INT（8400/305）=28$（箱）

3. 线缆弯曲半径

在配线（水平）布线中如果不能满足最低弯曲半径要求，电缆的缠绕节距会发生变化，直接影响电缆的传输性能。光缆会产生较大的弯曲损耗，直接影响光缆的传输性能，严重时可能会造成线缆永久损坏。缆线的弯曲半径应符合表 2.3.1 要求。

表 2.3.1　管线敷设允许的弯曲半径

缆线类型	弯曲半径（mm）/倍
4 对非屏蔽电缆	不小于电缆外径的 4 倍
4 对屏蔽电缆	不小于电缆外径的 8 倍
大对数主干电缆	不小于电缆外径的 10 倍
2 芯或 4 芯室内光缆	>25 mm
其他芯数和主干室内光缆	不小于光缆外径的 10 倍
室外光缆、电缆	不小于缆线外径的 20 倍

其他芯数的水平光缆、主干光缆和室外光缆的弯曲半径应至少为光缆外径的 10 倍。

2.3.3　线管槽的类型和数量

在配线（水平）布线中，缆线必须安装在线槽或者线管内。在建筑物墙或者地面内暗设布线时，一般选择线管，不允许使用线槽。在建筑物墙明装布线时，一般选择线槽，也可以使用线管。缆线布放在管与线槽内的管径与截面利用率，应根据不同类型的缆线做不同的选择。一般线槽内布放线缆的最大条数可按照表 2.3.2 选择，线管内布放线缆的最大条数可按照表 2.3.3 选择。

表 2.3.2　线槽规格型号与容纳双绞线最多条数表

线槽/桥架类型	线槽/桥架规/mm	容纳双绞线最多条数	截面利用率
PVC	20×12	2	30%
PVC	25×12.5	4	30%
PVC	30×16	7	30%
PVC	39×19	12	30%
金属、PVC	50×25	18	30%
金属、PVC	60×30	23	30%
金属、PVC	75×50	40	30%
金属、PVC	80×50	50	30%
金属、PVC	100×50	60	30%
金属、PVC	100×80	80	30%
金属、PVC	150×75	100	30%
金属、PVC	200×100	150	30%

表 2.3.3　线管内布放线缆的最大条数

线管类型	线管规格/mm	容纳双绞线最多条数	截面利用率
PVC、金属	16	2	30%
PVC	20	3	30%
PVC、金属	25	5	30%
PVC、金属	32	7	30%
PVC	40	11	30%
PVC、金属	50	15	30%
PVC、金属	63	23	30%
PVC	80	30	30%
PVC	100	40	30%

以上方法的管槽按要求留有较多的余量空间，在实际工程中可根据具体情况也可适当多容纳一些线缆。管内穿放大对数电缆或 4 芯以上光缆时，直线管路的管径利用率应为 50%～60%，弯管路的管径利用率应为 40%～50%。管内穿放 4 对对绞电缆或 4 芯光缆时，截面利用率应为 25%～35%。布放缆线在线槽内的截面利用率应为 30%～50%。

2.3.4　线缆之间的间距

1. 线缆与电力电缆的间距

在配线（水平）子系统中，经常出现智能建筑综合布线电缆与电力电缆平行布线的情况，为了减少电力电缆电磁场对网络系统的影响,智能建筑综合布线电缆与电力电缆接近布线时，必须保持一定的距离，须根据 GB 50311-2007 国家标准规定的间距布线，如表 2.3.4 所示。

表 2.3.4　智能建筑综合布线电缆与电力电缆的间距

干扰源类别	线缆与干扰源接近的情况	间距/mm
小于 2 kV·A 的 380V 电力线缆	与电缆平行敷设	130
	其中一方安装在已接地的金属线槽或管道	70
	双方均安装在已接地的金属线槽或管道①	10①
2 kV·A 到 5 kV·A 的 380 V 电力线缆	与电缆平行敷设	300
	其中一方安装在已接地的金属线槽或管道	150
	双方均安装在已接地的金属线槽或管道②	80
大于 5 kV·A 的 380 V 电力线缆	与电缆平行敷设	600
	其中一方安装在已接地的金属线槽或管道	300
	双方均安装在已接地的金属线槽或管道②	150
荧光灯等带电感设备	接近电缆线	150～300
配电箱	接近配电箱	1000
电梯、变压器	远离布设	2000

注：① 当 380 V 电力电缆<2 kV·A，双方都在接地的线槽中，且平行长度≤10 m 时，最小间距可为 10 mm。

②　双方都在接地的线槽中，系指两个不同的线槽，也可在同一线槽中用金属板隔开。

2. 线缆与电器设备的间距

智能建筑综合布线电缆与附近可能产生高电平电磁干扰的电动机、电力变压器、射频应用设备等电器设备之间应保持必要的间距，为了减少电器设备电磁场对网络系统的影响，智能建筑综合布线电缆与这些设备布线时，必须保持一定的距离。根据 GB 50311-2007 国家标准规定，智能建筑综合布线系统缆线与配电箱、变电室、电梯机房、空调机房之间的最小净距宜符合表 2.3.5 的规定。

表 2.3.5　智能建筑综合布线缆线与电气设备的最小净距

名称	最小净距/m	名称	最小净距/m
配电箱	1	电梯机房	2
变电室	2	空调机房	2

3. 线缆与其他管线的间距

在墙上敷设配线（水平）线缆线及管道时与其他管线的间距应符合表 2.3.6 的规定。

表 2.3.6　智能建筑综合布线缆线及管线与其他管线的间距

接近的管线类型	与管线水平布设时的 最小间距/mm	与管线交叉布设时的 最小间距/mm
保护地线	50	20
市话管道边线	75	25
给排水管	150	20
煤气管	300	20
避雷引下线	1000	300
天然气管道	10 000	500
热力管道	1000	500

根据表 2.3.6 数据可以看出，在选择光缆布设路由时，应尽量远离干扰源，确实无法避免时最好采取与管线交叉的布设方式，这样可以减少干扰。

学习单元 2.4　管理间（配线间）子系统设计

【单元引入】

管理间子系统是指用来连接水平、垂直和设备间子系统的连接部分，包括了楼层配线间、二级交接间、建筑物设备间的线缆、配线架及相关接插跳线等。通过智能建筑综合布线系统的管理间子系统，可以直接管理整个应用系统终端设备，从而实现智能建筑综合布线的灵活性、开放性和扩展性。

2.4.1 管理间位置选择

1. 管理间位置

管理间（楼层配线间）是提供水平（配线）线缆和垂直（主干）线缆相连的场所。管理间（楼层配线间）最理想的位置是位于楼层平面的中心，这样更容易保证所有的水平线缆不超过规定的最大长度 90 m，如图 2.4.1 所示。在学生宿舍、办公室、大型卖场等楼层信息点较为密集的建筑物中每层都要设置一个管理间，并留有弱电竖井，便于线缆布放、设备安装以及设备管理等。在住宅楼、单身公寓等楼层信息点较少的建筑物中可以考虑多楼层共用一个管理间，提高设备使用率。

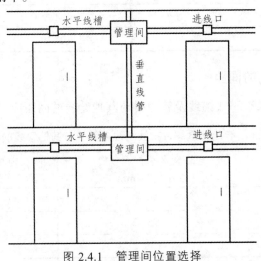

图 2.4.1　管理间位置选择

如果使用光纤作为传输介质可以不考虑 90 m 问题。如果楼层平面面积较大，水平线缆的长度超出最大限值（90 m），就应该考虑设置两个或更多个管理间（楼层配线间），相应的干线子系统应采用双通道或多通道。

2. 连接器件选择

管理子系统的管理器件根据智能建筑综合布线所用介质类型分为两大类，即铜缆管理器件和光纤管理器件。这些管理器件用于配线间和设备间的线缆端接，以构成一个完整的智能建筑综合布线系统，通过它们还可以实现灵活的线路管理功能。

1）铜缆管理器件

铜缆管理器件主要有配线架、机柜及线缆相关管理附件。配线架主要有 110 系列配线架和模块化配线架两类。110 系列配线架可用于电话语音系统和计算机网络系统，模块化配线架主要用于计算机网络系统，它根据传输性能的要求分为 5 类、超 5 类、6 类模块化配线架。

110 配线架又分为 110A 和 110P 两种类型。110A 配线架采用夹跳接线连接方式，可以垂直叠放便于扩展，比较适合于线路调整较少、线路管理规模较大的智能建筑综合布线场合。110P 配线架采用接插软线连接方式，管理比较简单但不能垂直叠放，适合于线路管理规模较小的场合。

2）光纤管理器件

光纤管理器件根据光缆布线场合要求分为两类，即光纤配线架和光纤接线箱。光纤配线架适合于规模较小的光纤互连场合，而光纤接线箱适合于光纤互连较密集的场合。光纤配线架又分为机架式光纤配线架和墙装式光纤配线架两种，机架式光纤配线架宽度为 19 英寸（1英寸≈0.0254 米），可直接安装在标准的机柜内，墙装式光纤配线架体积较小，适合于安装在楼道内。

【例题 2.4.1】

已知某一建筑物的某一个楼层有计算机网络信息点 100 个，语音点有 200 个，请计算出楼层配线间所需要使用 110 配线架的型号及数量。

解：根据题目得知总信息点为 150 个。

总的水平线缆总线对数=200×1+100×4=600 对。

管理间需要的安装 2 个 300 对的 110 配线架。

【例题 2.4.2】

已知某幢建筑物的计算机网络信息点数为 200 个且全部汇接到设备间，那么在设备间中应安装何种规格的 IBDN 模块化数据配线架？数量为多少？

解：根据题目已知汇接到设备间的总信息点为 200 个，因此设备间的模块化数据配线架应提供不少于 200 个 RJ45 接口。如果选用 24 口的模块化数据配线架，则设备间需要的配线架个数应为 200/24=8.3，向上取整应为 9 个。

【例题 2.4.3】

已知某校园网分为 3 个片区，各片区机房需要布设一根 24 芯的单模光纤至网络中心机房，以构成校园网的光纤骨干网络。网管中心机房为管理好这些光缆应配备何种规格的光纤配线架？数量为多少？光纤耦合器应用多少个？需要订购多少根光纤跳线？

解：根据题目得知各片区的 3 根光纤合在一起总共有 72 根纤芯，因此网管中心的光纤配线架应提供不少于 72 个接口。由以上接口数可知网管中心应配备 24 口的光纤配线架 3 个。光纤配线架配备的耦合器数量与需要连接的光纤芯数相等，即为 72 个。光纤跳线用于连接光纤配线架耦合器与交换机光纤接口，因此光纤跳线数量与耦合器数量相等，即为 72 个。

2.4.2 交接方案

管理间子系统的交接方案有单点管理和双点管理两种。交接方案的选择与智能建筑综合布线系统规模有直接关系，一般来说单点管理交接方案应用于智能建筑综合布线系统规模较小的场合，而双点管理交接方案应用于智能建筑综合布线系统规模较大的场合。

1. 单点管理交接方案

单点管理属于集中管理型，通常线路只在设备间进行跳线管理，其余地方不再进行跳线管理，线缆从设备间的线路管理区引出，直接连到工作区，或直接连至第二个接线交接区，如图 2.4.2 所示。

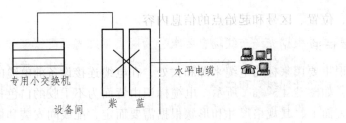
图 2.4.2　单点管理单交接方案

如图 2.4.3 所示，单点管理交接方案中管理器件放置于设备间内，由它来直接调度控制线路，实现对终端用户设备的变更调控。单点管理又可分为单点管理单交接和单点管理双交接两种方式。单点管理双交接方式中，第二个交接区可以放在楼层配线间或放在用户指定的墙壁上。

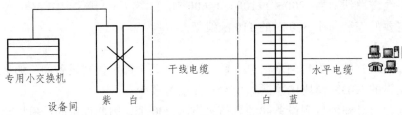
图 2.4.3　单点管理双交接方案

2. 双点管理交接方案

双点管理属于集中、分散管理型，除在设备间设置一个线路管理点外，在楼层配线间或二级交接间内还设置第二个线路管理点，如图 2.4.4 所示。这种交接方案比单点管理交接方案提供了更加灵活的线路管理功能，可以方便地对终端用户设备的变动进行线路调整。

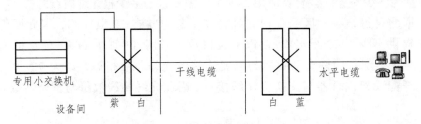
图 2.4.4　双点管理双交接

一般在管理规模比较大、结构复杂又有二级交接间的场合，采用双点管理双交接方案。如果建筑物的智能建筑综合布线规模比较大，而且结构也较复杂，还可以采用双点管理 3 交接，甚至采用双点管理 4 交接方式。智能建筑综合布线中使用的电缆，一般不能超过 4 次连接。

2.4.3　标识管理

智能建筑综合布线标准专门对布线标识系统做了规定和建议，为智能建筑综合布线工程提供一套统一的管理方案。

1. 标识信息

智能建筑综合布线使用了电缆标识、场标识和插入标识三种标识。完整的标识应提供建筑物的名称、位置、区号和起始点的信息内容。

1）电缆标识

电缆标识主要用来标明电缆来源和去处，在电缆连接设备前电缆的起始端和终端都应做好电缆标识，如图 2.4.5（a）所示。电缆标识由背面为不干胶的白色材料制成，可以直接贴到各种电缆表面上，其规格尺寸和形状根据需要而定，配线间安装和做标识之前利用这些电缆标识来辨别电缆的源发地和目的地。

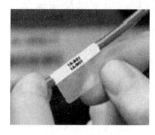　　　　

（a）电缆标识　　　　　　　（b）场标识　　　　　　　　（c）插入标识

图 2.4.5　智能建筑综合布线信息标识

2）场标识

场标识又称为区域标记，一般用于设备间、配线间和二级交接间的管理器件之上，以区别管理器件连接线缆的区域范围。它也是由背面为不干胶的材料制成，可贴在设备醒目的平整表面上，如图 2.4.5（b）所示。

3）插入标识

插入标识一般用于管理器件，如 110 配线架、数据配线架和光纤配线架等，如图 2.4.5（c）所示。插入标识是硬纸片，可以插在透明塑料夹里，每个插入标识都用色标来指明所连接电缆的源发地，这些电缆端接于设备间和配线间的管理场。对于插入标记的色标，智能建筑综合布线系统有较为统一的规定，如表 2.4.1 所示。

表 2.4.1　智能建筑综合布线色标规定

色别	设备间	配线间	二级交接间
蓝	设备间至工作区或用户终端线路	连接配线间与工作区的线路	自交换间连接工作区线路
橙	网络接口、多路复用器引来的线路	来自配线间多路复用器的输出线路	来自配线间多路复用器的输出线路
绿	来自电信局的输入中继线或网络接口的设备侧	无	无
黄	交换机的用户引出线或辅助装置的连接线路	无	无
灰	无	至二级交接间的连接电缆	来自配线间的连接电缆端接
紫	来自系统公用设备（如程控交换机或网络设备）连接线路	来自系统公用设备（如程控交换机或网络设备）连接线路	来自系统公用设备（如程控交换机或网络设备）连接线路
白	干线电缆和建筑群间连接电缆	来自设备间干线电缆的端接点	来自设备间干线电缆的点到点端接

通过不同色标可以很好地区别各个区域的电缆，方便管理子系统的线路管理工作。表2.4.1是典型的配线间色标应用方案，可以清楚地了解配线间各区域线缆插入标记的色标应用情况。

2. 标识管理要求

（1）标识管理方案。应该由施工方和用户方的管理人员共同确定标识管理方案的制定原则，所有的标识方案均应规定各种识别步骤，以便查清交连场的各种线路和设备端接点，为了有效地进行线路管理，方案必须作为技术文件存档。

（2）需要标识的物理件有线缆、通道（线槽/管）、空间（设备间）、端接件和接地五个部分。不同部分的标识相互联系互为补充，而每种标识要求清晰、醒目，让人一眼就能注意到。

（3）标识材料要求。线缆的标识，尤其是跳线的标识要求使用带有透明保护膜（带白色打印区域和透明尾部）的耐磨损、抗拉的标签材料，像乙烯基这种适合于包裹的伸展性良好的材料最好。这样的话，线缆的弯曲变形以及经常的磨损才不会使标签脱落和字迹模糊不清。另外，套管和热缩套管也是线缆标签的很好选择。面板和配线架的标签要使用连续的标签，材料以聚酯的为好，可以满足外露的要求。由于各厂家的配线架规格不同，所留标识的宽度也不同，所以选择标签时，宽度和高度都要多加注意。

（4）标识编码。越是简单易识别的标识越易被用户接受，因此标识编码要简单明了，符合日常的命名习惯。比如信息点的编码可以按"信息点类别+楼栋号+楼层号+房间号+信息点位置号"来编码。

（5）标识变更记录。随时做好移动或重组的各种记录。

学习单元 2.5　垂直（干线）子系统设计

【单元引入】

干线（垂直）子系统是指连接各楼层管理间子系统和设备间子系统的线缆部分。干线（垂直）子系统通常采用大对数电缆或室内光缆，安装在建筑物的弱电竖井内，两端分别连接到设备间配线架和楼层管理间配线架上，是建筑物内不可缺少的通信通道。

干线子系统的布线方式有垂直型的，也有水平型的，这主要根据建筑的结构而定。大多数建筑物都是垂直向高空发展的，因此很多情况下会采用垂直型的布线方式。但是也有很多建筑物是横向发展，如飞机场候机厅、工厂仓库等建筑，这时也会采用水平型的主干布线方式。因此干线缆的布线路由既可能是垂直型的，也可能是水平型的，或是两者的综合。

2.5.1　路由选择

垂直（干线）子系统主干缆线应选择最短、最安全和最经济的路由。路由的选择要根据建筑物的结构以及建筑物内预留的电缆孔、电缆井等通道位置而决定。如果同一幢大楼的配线间上下不对齐，则可采用大小合适的电缆管道系统将其连通，如图 2.5.1 所示。

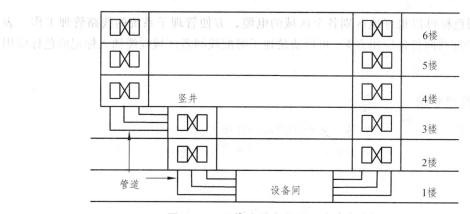

图 2.5.1　干线（垂直）子系统路由选择

目前垂直型的干线布线路由主要采用电缆孔和电缆井两种方法。对于单层平面建筑物水平型的干线布线路由主要用金属管道和电缆托架两种方法。

1. 电缆孔方法

干线（垂直）通道中所用的电缆孔是很短的管道，通常是用一根或数根直径为 10 cm 金属管组成。它们嵌在混凝土地板中，这是浇注混凝土地板时嵌入的，比地板表面高出 2.5 cm，也可直接在地板中预留一个大小适当的孔洞。电缆往往捆在钢绳上，而钢绳固定在墙上已铆好的金属条上。当楼层配线间上下都对齐时，一般可采用电缆孔方法，如图 2.5.2（b）所示。

2. 电缆井方法

电缆井是指在每层楼板上开出一些方孔，一般长为 30 cm，宽为 10 cm，并有 2.5 cm 高的井栏，具体大小要根据所布线的干线电缆数量而定，如图 2.5.2（a）所示。与电缆孔方法一样，电缆也是捆扎或箍在支撑用的钢绳上，钢绳靠墙上的金属条或地板三脚架固定。离电缆井很近的墙上的立式金属架可以支撑很多电缆。电缆井比电缆孔更为灵活，可以让各种粗细不一的电缆以任何方式布设通过。但在建筑物内开电缆井造价较高，而且不使用的电缆井很难防火。

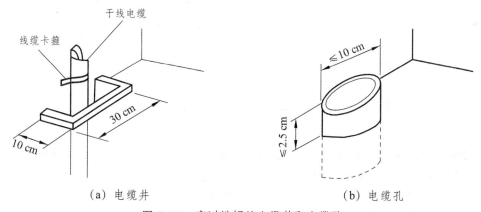

（a）电缆井　　　　　　　　　　（b）电缆孔

图 2.5.2　穿过地板的电缆井和电缆孔

3. 金属管道方法

金属管道方法是指在水平方向架设金属管道，水平线缆穿过这些金属管道，让金属管道对干线电缆起到支撑和保护的作用，如图 2.5.3 所示。

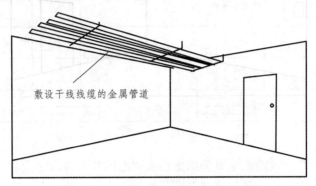

图 2.5.3　金属管道方法

对于相邻楼层的干线配线间存在水平方向的偏距时，就可以在水平方向布设金属管道，将干线电缆引入下一楼层的配线间。金属管道不仅具有防火的优点，而且它提供的密封和坚固空间使电缆可以安全地延伸到目的地。但是金属管道很难重新布置且造价较高，因此在建筑物设计阶段，必须进行周密的考虑。金属管道方法较适合于低矮而又宽阔的单层平面建筑物，如企业的大型厂房、机场等。

4. 线缆托架方法

线缆托架是铝制或钢制的部件，外形很像梯子，既可安装在建筑物墙面上、吊顶内，也可安装在天花板上，供干线线缆水平走线，如图 2.5.4 所示。线缆可以是电缆，也可以是光缆，布放在托架内，由水平支撑件固定，必要时还要在托架下方安装电缆绞接盒，以保证在托架上方已装有其他电缆时可以接入线缆。

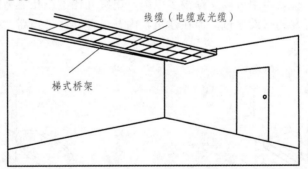

图 2.5.4　线缆托架方法

线缆托架方法最适合线缆数量很多的布线需求场合。要根据安装的线缆粗细和数量决定托架的尺寸。由于托架及附件的价格较高，而且电缆外露，很难防火，不美观，所以在智能建筑综合布线系统中，一般推荐使用封闭式线槽来替代电缆托架。吊装式封闭式线槽如图 2.5.5 所示，主要应用于楼间距离较短且要求采用架空的方式布放干线线缆的场合。

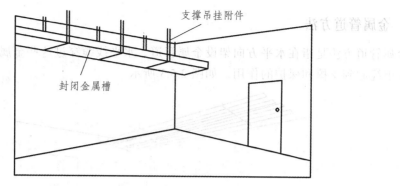

图 2.5.5　吊装式封闭式线槽

2.5.2　线缆类型选择及距离、容量估算

根据建筑物的结构特点以及应用系统的类型，决定选用干线线缆的类型。针对电话语音传输一般采用三类大对数对绞电缆（25 对、50 对、100 对等规格）；针对数据和图像传输采用五类、超五类、六类大对数对绞电缆（UTP 或 STP）、8.3/125 μm 单模光纤、50/125 μm（欧洲）多模光纤、62.5/125 μm（美国）多模光纤；针对有线电视信号的传输采用 75 Ω 同轴电缆。

无论是电缆还是光缆，智能建筑综合布线干线子系统都受到最大布线距离的限制，如图 2.5.6 和表 2.5.1 所示。通常将设备间的主配线架放在建筑物的中部附近使线缆的距离最短。当超出上述距离限制，可以分成几个区域布线，使每个区域满足规定的距离要求。

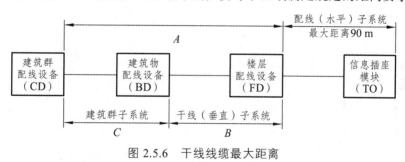

图 2.5.6　干线线缆最大距离

表 2.5.1　干线线缆最大距离

线缆类型	最大传输距离/m		
	A	B	C
100 Ω 双绞线	800	300	500
50/125 μm 多模光纤	2000	300	1700
62.5/125 μm 多模光纤	2000	300	1700
8.3/125 μm 单模光纤	3000	300	2700

在确定干线线缆类型后，便可以进一步确定每个层楼的干线容量。一般而言，在确定每层楼的干线类型和数量时，都要根据楼层水平子系统所有的语音、数据、图像等信息插座的

数量来进行计算。

【例题】

已知某建筑物第六层有 60 个数据信息点，每个信息点要求接入速率为 100 Mb/s，另有 50 个电话语音点。楼层管理间到楼内设备间的距离为 60 m，请估算干线电缆类型及线对数量？

解： 60 个数据信息点要求该楼层应配置三台 24 口交换机，交换机之间可通过堆叠或级联方式连接，最后交换机群可通过一条 4 对超 5 类非屏蔽双绞线连接到建筑物的设备间。因此计算机网络的干线线缆配备一条 4 对超 5 类非屏蔽双绞线电缆。

50 个电话语音点，按每个语音点配 1 个线对的原则，主干电缆应为 50 对。根据语音信号传输的要求，主干线缆可以配备一根 3 类 50 对非屏蔽大对数电缆。

2.5.3 线缆的端接

主干（垂直）线路的连接方式目前主要采用点对点端连接方式和分支连接方式两种。这两种端接方法根据干线网络拓扑结构和设备配置情况，可以单独使用也可以混合使用。

1. 点对点端接方式

点对点端接方式使用一根线缆分别为每一个楼层用户提供服务，每个楼层和设备间直接连接不经过其他设备，其双绞线对数或光纤芯数应能满足该层的全部用户信息点的需求，如图 2.5.7 所示。

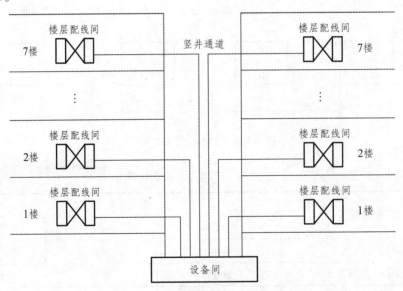

图 2.5.7 干线电缆点对点端接方式

点对点端接方法的主要优点是可以在干线中采用较小、较轻、较灵活的线缆，不必使用昂贵的绞接盒；缺点是穿过设备间附近楼层的线缆数目较多，工程造价较高，占用通道空间比较大。

2. 分支连接方式

此种连接方式采用一根大容量线缆，通过绞接盒分成若干根容量较小的线缆，并分别连接到各个楼层。在该楼层的交接间里设计一个绞接盒，然后用它把主干线缆与粗细合适的各根小线缆连接起来后再分别连往上两层楼和下两层楼，如图2.5.8所示。

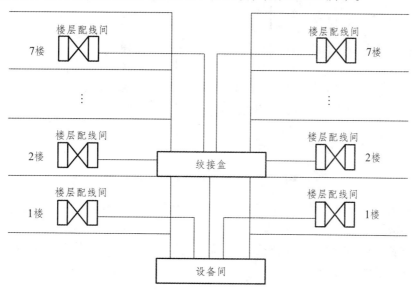

图 2.5.8　干线电缆分支连接方式

分支连接方法的优点是干线中的主干线缆总数较少，可以节省一些空间；缺点是线缆过于集中，如线缆发生故障波及范围比较大，比较难以定位故障。

学习单元 2.6　设备间子系统设计

【单元引入】

设备间子系统是智能建筑综合布线系统的管理中枢，是智能建筑综合布线系统最主要的节点，整个建筑的各种信号都经过各种通信线缆汇集到设备间。设备间一般设置在建筑物的中心位置，它由进入设备间的各种线缆、连接器和有关的支撑硬件设备组成。

2.6.1　设备间的位置和面积计算

设计人员应与用户方一起商量，根据用户方要求及现场情况具体确定设备间的最终位置。一般而言，设备间应尽量建在建筑平面及其智能建筑综合布线干线综合体的中间位置。在高层建筑物内设备间宜设置在第二、三层。设备间的使用面积要考虑所有设备的安装面积，还要考虑预留工作人员管理操作设备的空间，其面积最低不应小于 $10\ m^2$，设计参考如图2.6.1所示。

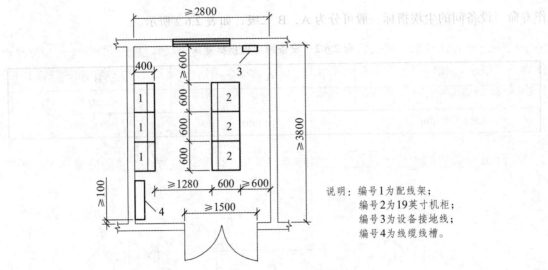

说明：编号1为配线架；
编号2为19英寸机柜；
编号3为设备接地线；
编号4为线缆线槽。

图 2.6.1 设备间面积和位置选择

此外，在选择设备间位置时，应尽量建在智能建筑综合布线干线子系统的中间位置，使干线线缆的距离最短；应尽量靠近建筑物电缆引入区和网络接口；应尽量靠近服务电梯，以便装运笨重设备；应尽量避开强电磁场的干扰；应尽量远离有害气体源以及易腐蚀、易燃、易爆物；应便于接地装置的安装。

2.6.2 设备间的环境要求

根据建筑与建筑群智能建筑《综合布线系统工程设计规范》（GB 50311—2016），对设备间的环境要求如下：

1. 温湿度

智能建筑综合布线有关设备的温湿度要求可分为 A，B，C 三级，设备间的温湿度也可参照三个级别进行设计，三个级别具体要求如表 2.6.1 所示。

表 2.6.1 设备间温湿度要求

项目	A 级	B 级	C 级
温度（0 ℃）	夏季：22±4 冬季：18±4	12～30	8～35
相对湿度	40%～65%	35%～70%	20%～80%

设备间的温湿度控制可以通过安装降温或加温、加湿或除湿功能的空调设备来实现控制。选择空调设备时，南方地区主要考虑降温和除湿功能；北方地区要求全面具有降温、升温、除湿、加湿功能。空调的功率主要根据设备间的大小及设备多少而定。

2. 尘埃

设备间内的电子设备对尘埃要求较高，尘埃过高会影响设备的正常工作，降低设备的工作寿命。设备间的尘埃指标一般可分为 A，B 二级，如表 2.6.2 所示。

表 2.6.2 设备间尘埃指标要求

项目	A 级	B 级
粒度/μm	>0.5	>0.5
个数/（粒/dm³）	<10 000	<18 000

要降低设备间的尘埃关键在于定期的清扫灰尘，工作人员进入设备间应更换干净的鞋具。

3. 照明

为了方便工作人员在设备间内操作设备和维护相关智能建筑综合布线器件，设备间内必须安装足够照明度的照明系统，并配置应急照明系统。设备间内距地面 0.8 m 处，照明度不应低于 200 lx。设备间配备的事故应急照明，在距地面 0.8 m 处，照明度不应低于 5 lx。

4. 噪声

为了保证工作人员的身体健康，设备间内的噪声应小于 70 dB。

5. 电磁场干扰

根据智能建筑综合布线系统的要求，设备间无线电干扰的频率应在 0.15 ~ 1000 MHz 范围内，噪声不大于 120 dB，磁场干扰场强不大于 800 A/m。

6. 供电系统

设备间供电电源应满足频率：50 Hz；电压：220 V/380 V；相数：三相五线制或三相四线制/单相三线制。设备间供电电源允许变动范围如表 2.6.3 所示。

表 2.6.3 设备间供电电源允许变动的范围

项目	A 级	B 级	C 级
电压变动	− 5% ~ +5%	− 10% ~ +7%	− 15% ~ +10%
频率变动	− 0.2% ~ +0.2%	− 0.5% ~ +0.5%	− 1 ~ +1
波形失真率	<±5%	<±7%	<±10%

根据设备间内设备的使用要求，设备要求的供电方式分为三类：不间断供电系统、带备用的供电系统、一般用途供电系统。

7. 安全分类

设备间的安全分为 A、B、C 三个类别，具体规定如表 2.6.4 所示。A 类：对设备间的安全有严格的要求，设备间有完善的安全措施；B 类：对设备间的安全有较严格的要求，设备间有较完善的安全措施；C类：对设备间的安全有基本的要求，设备间有基本的安全措施。

表 2.6.4　设备间的安全要求

安全项目	A 类	B 类	C 类
场地选择	有要求或增加要求	有要求或增加要求	无要求
防火	有要求或增加要求	有要求或增加要求	有要求或增加要求
内部装修	要求	有要求或增加要求	无要求
供配电系统	要求	有要求或增加要求	有要求或增加要求
空调系统	要求	有要求或增加要求	有要求或增加要求
火灾报警及消防设施	要求	有要求或增加要求	有要求或增加要求
防水	要求	有要求或增加要求	无要求
防静电	要求	有要求或增加要求	无要求
防雷击	要求	有要求或增加要求	无要求
防鼠害	要求	有要求或增加要求	无要求
电磁波的防护	有要求或增加要求	有要求或增加要求	无要求

根据设备间的要求，设备间安全可按某一类执行，也可按某些类综合执行。综合执行是指一个设备间的某些安全项目可按不同的安全类型执行。例如某设备间按照安全要求可选防电磁干扰为 A 类，火灾报警及消防设施为 B 类。

8. 结构防火

为了保证设备使用安全，设备间应安装相应的消防系统，配备防火防盗门。安全级别为A类的设备间，其耐火等级必须符合 GB 50045—2017《高层民用建筑设计防火规范》中规定的一级耐火等级。安全级别为 B 类的设备间，其耐火等级必须符合 GB 50045—2017《高层民用建筑设计防火规范》中规定的二级耐火等级。安全级别为 C 类的设备间，其耐火等级要求应符合 GB 50016—2018《建筑设计防火规范》中规定的二级耐火等级。

与 C 类设备间相关的其余基本工作房间及辅助房间，其建筑物的耐火等级不应低于 TJ16中规定的三级耐火等级。与 A、B 类安全设备间相关的其余基本工作房间及辅助房间，其建筑物的耐火等级不应低于 TJ16 中规定的二级耐火等级。

9. 火灾报警及灭火设施

安全级别为 A、B 类设备间内应设置火灾报警装置。在机房内、基本工作房间、活动地板下、吊顶上方及易燃物附近都应设置烟感和温感探测器。A 类设备间内设置二氧化碳（CO_2）自动灭火系统，并备有手提式二氧化碳（CO_2）灭火器。B 类设备间内在条件许可的情况下，应设置二氧化碳自动灭火系统，并备有手提式二氧化碳灭火器。C 类设备间内应备有手提式二氧化碳灭火器。A、B、C 类设备间除禁止纸介质等易燃物质外，还禁止使用水、干粉或泡沫等易产生二次破坏的灭火器。为了在发生火灾或意外事故时方便设备间工作人员迅速向外疏散，对于规模较大的建筑物，在设备间或机房应设置直通室外的安全出口。

10. 内部装饰

设备间装修材料使用符合 GB 50016—2018《建筑设计防火规范》中规定的难燃材料或阻燃材料，应能防潮、吸音、不起尘、抗静电等。

1）地面

为了方便敷设电缆线和电源线，设备间的地面最好采用抗静电活动地板，其接地电阻应为 0.11～1000 MΩ。带有走线口的活动地板为异型地板。设备间地面切忌铺毛制地毯，因为毛制地毯容易产生静电，而且容易产生积灰。放置活动地板的设备间的建筑地面应平整、光洁、防潮、防尘。

2）墙面

墙面应选择不易产生灰尘，也不易吸附灰尘的材料。目前大多数是在平滑的墙壁上涂阻燃漆，或在墙面上覆盖耐火的胶合板。

3）顶棚

为了吸音及布置照明灯具，一般在设备间顶棚下加装一层吊顶。吊顶材料应满足防火要求。目前，我国大多数采用铝合金或轻钢作龙骨，安装吸音铝合金板、阻燃铝塑板、喷塑石英板等。

4）隔断

根据设备间放置的设备及工作需要，可用玻璃将设备间隔成若干个房间。隔断可以选用防火的铝合金或轻钢作龙骨，安装 10 mm 厚玻璃。也可以选择从地板面至 1.2 m 处安装难燃双塑板，1.2 m 以上安装 10 mm 厚玻璃。

学习单元 2.7　进线间子系统设计

【单元引入】

进线间是建筑物外部通信和信息管线的入口部位，并可作为入口设施和建筑群配线设备的安装场地。进线间一个建筑物宜设置一个，一般位于地下层，外线宜从两个不同的路由引入进线间，有利于与外部管道沟通。进线间与建筑物红外线范围内的孔或手孔采用管道或通道的方式互连。进线间因涉及因素较多，难以统一提出具体所需面积，可根据建筑物实际情况，并参照通信行业和国家的现行标准要求进行设计。

2.7.1　进线间的位置和面积

1. 进线间的位置

在智能建筑综合布线工程中，一般一个建筑物设置一个进线间，同时提供给多家电信运营商和业务提供商使用，通常设于地下一层，如图 2.7.1 所示。

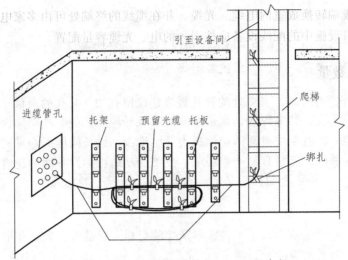

图 2.7.1　室外光缆经进线间引入到设备间

在不具备设置单独进线间或入楼电、光缆数量及入口设施较少的建筑物也可以采用进线间和设备间合用，如图 2.7.2 所示，在设备间内完成缆线的成端与盘长。

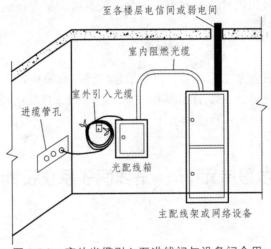

图 2.7.2　室外光缆引入至进线间与设备间合用

2. 进线间的面积

进线间因涉及因素较多，难以统一要求具体所需面积，可根据建筑物实际情况，并参照通信行业和国家的现行标准要求进行设计。

进线间应满足缆线的敷设路由、成端位置及数量、光缆的盘长空间和缆线的弯曲半径、充气维护设备、配线设备安装所需要的场地空间和面积要求。

2.7.2　进线间的缆线配置要求

1. 缆线配置要求

建筑群主干电缆和光缆、公用网和专用网电缆、光缆及天线馈线等室外缆线进入建筑物时，应在进线间成端转换成室内电缆、光缆，并在缆线的终端处可由多家电信业务经营者设置入口设施，入口设施中的配线设备应按引入的电、光缆容量配置。

2. 入口管孔数量

进线间应设置管道入口，入口处的管孔数量建议留有 2～4 孔的余量，同时注意防火和防水的处理。

学习单元 2.8　建筑群子系统设计

【单元引入】

建筑群子系统是指建筑物之间用来起到连接作用的通信线缆和相关硬件设备。建筑群子系统主要包括连接各建筑物的线缆和所需要的硬件设备，如电缆、光缆、连接部件以及防止电缆上的浪涌电压进入建筑物的电气保护设备等。

2.8.1　建筑群的设计方法

1. 考虑环境美化要求

建筑群子系统设计应充分考虑建筑群覆盖区域的整体环境美化要求，建筑群干线电缆尽量采用地下管道或电缆沟敷设方式。因客观原因最后选用了架空布线方式的，也要尽量选用原已架空布设的电话线或有线电视电缆的路由，干线电缆与这些电缆一起敷设，以减少架空敷设的电缆线路。

2. 考虑建筑群未来发展需要

在线缆布线设计时，要充分考虑各建筑需要安装的信息点种类、信息点数量，选择相对应的干线电缆的类型以及电缆敷设方式，使智能建筑综合布线系统建成后，保持相对稳定，能满足今后一定时期内各种新的信息业务发展需要。

3. 线缆路由的选择

考虑到节省投资，线缆路由应尽量选择距离短、线路平直的路由，但具体的路由还要根据建筑物之间的地形或敷设条件而定。在选择路由时，应考虑原有已铺设的地下各种管道，线缆在管道内应与电力线缆分开敷设，并保持一定间距。

4. 线缆引入要求

建筑群干线电缆、光缆进入建筑物时，都要设置引入设备，并在适当位置终端转换为室内电缆、光缆。引入设备应安装必要保护装置以达到防雷击和接地的要求。干线电缆引入建筑物时，应以地下引入为主，如果采用架空方式，应尽量采取隐蔽方式引入。

5. 线缆的选择

建筑群子系统敷设的线缆类型及数量由智能建筑综合布线连接的应用系统种类及规模来决定。一般来说，数据网络可以采用光缆作为建筑群布线线缆，电话网络常采用 3 类大对数电缆作为布线线缆，有线电视网络可以采用同轴电缆或光缆作为干线电缆。

2.8.2　建筑群的布设方式

建筑群子系统的线缆布设方式有架空布线法、直埋布线法和地下管道布线法三种，这三种布设方法的区别如表 2.8.1 所示。

表 2.8.1　建筑群线缆敷设方法比较图

方　法	优　点	缺　点
管道内	提供最佳的机械保护，任何时候都可以敷设电缆，电缆的敷设、扩充和加固都较容易，能保持建筑物外貌整齐	挖沟、开管道和建手孔的初次投资较高
直埋	提供某种程度的机械保护，保持建筑物外貌整齐，初次投资较低	扩容或更换电缆，会破坏道路和建筑物外貌
架空	如果本来就有电线杆，则工程造价最低	不能提供机械保护，安全性、灵活性差，影响建筑物的美观

1. 架空布线法

架空布线法通常应用于有现成电杆、对电缆的走线方式无特殊要求的场合。这种布线方式造价较低，但影响环境美观且安全性和灵活性不足。架空布线法要求用电杆将线缆在建筑物之间悬空架设，一般先架设钢丝绳，然后在钢丝绳上挂放线缆。

架空电缆通常穿入建筑物外墙上的 U 形钢保护套，然后向下或向上延伸，从电缆孔进入建筑物内部，如图 2.8.1 所示。电缆入口的孔径一般为 5 cm，建筑物到最近处的电线杆相距应小于 30 m。通信电缆与电力电缆之间的间距应遵守当地城管等部门的有关法规。

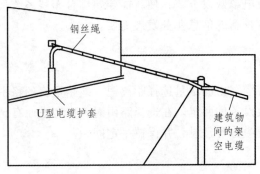

图 2.8.1　架空布线法

2. 直埋布线法

直埋布线法根据选定的布线路由在地面上挖沟，然后将线缆直接埋在沟内。直埋布线的电缆除了穿过基础墙的那部分电缆有管保护外，电缆的其余部分直埋于地下，没有保护，如图 2.8.2 所示。直埋电缆通常应埋在距地面 0.6 m 以下的地方，或按照当地城管等部门的有关法规去施工。如果在同一土沟内埋入了通信电缆和电力电缆，应设立明显的共用标志。

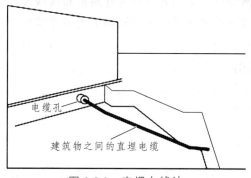

图 2.8.2　直埋布线法

直埋布线法的路由选择受到土质、公用设施、天然障碍物（如木、石头）等因素的影响。直埋布线法具有较好的经济性和安全性，总体优于架空布线法，但更换和维护电缆不方便，且成本较高。

3. 地下管道布线法

地下管道布线是一种由管道和入孔组成的地下系统，它把建筑群的各个建筑物进行互连。图 2.8.3 所示为一根或多根管道通过基础墙进入建筑物内部的结构。地下管道对电缆起到很好的保护作用，因此电缆受损坏的机会减少，而且不会影响建筑物的外观及内部结构。

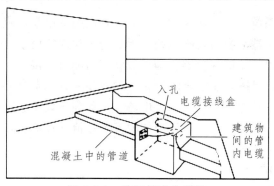

图 2.8.3　地下管道布线法

管道埋设的深度一般在 0.8 ~ 1.2 m，或符合当地城管等部门有关法规规定的深度。为了方便日后的布线，管道安装时应预埋一根拉线，以供以后的布线使用。为了方便线缆的管理，地下管道应间隔 50 ~ 180 m 设立一个接合井，以方便人员维护。

学习单元 2.9　保护子系统设计

【单元引入】

根据 GB 50314—2015 和 GB 50311—2016 要求，针对干线线缆从室外引入建筑物可能受到雷击、电源接地、电磁干扰等外界因素的损害，制定了关于屏蔽、电气保护和接地方面的设计规范。

2.9.1　电气保护

在建筑群子系统设计中，经常有干线线缆从室外引入建筑物的情况。这种情况下干线电缆如果不采取必要的保护措施，就有可能受到雷击、电源接地、感应电势等外界因素的损害，严重情况下还会损坏与电缆相连接的设备。智能建筑综合布线系统中的电气保护主要分为过压保护和过流保护两类。

1. 过压保护

智能建筑综合布线系统中的过压保护一般是通过在电路中并联气体放电管保护器来实现的。气体放电管保护器的陶瓷外壳内密封有两个金属电极，其间有放电间隙，并充有惰性气体。当两个电极之间的电位差超过 250 V 交流电压或 700 V 雷电浪涌电压时，气体放电管开始导通并放电，从而保护与之相连的设备。

对于低电压的防护，一般采用固态保护器，它的击穿电压为 60～90 V。一旦超过击穿电压，它可将过压引入大地，然后自动恢复为原状。固态保护器通过电子电路实现保护控制，因此比气体放电管保护器反应更快，使用寿命更长。但由于它的价格昂贵，所以目前采用相对较少。

2. 过流保护

智能建筑综合布线系统中的过流保护一般通过在电路中串联过流保护器来实现的。当线路出现过流时，过流保护器会自动切断电路，保护与之相连的设备。智能建筑综合布线系统过流保护器应选用能够自恢复的保护器，即过流断开后能自动接通。

在一般情况下，过流保护器在电流值为 350～500 mA 时将起作用。智能建筑综合布线系统中，电缆上出现的低电压也有可能产生大电流，从而损坏设备。这种情形下，智能建筑综合布线系统除了采用过压保护器之外，还应同时安装过流保护器。

2.9.2　屏蔽保护

智能建筑综合布线系统中外界的电磁干扰总是存在的，而且电磁干扰对电缆的传输性能影响很大。为了解决电磁干扰问题，必须采取屏蔽保护措施。采取屏蔽保护的目的就是在有干扰的环境下保证智能建筑综合布线通道的传输性能要求。它包括两部分内容，即减少电缆本身向外辐射的能量和提高电缆抵抗外界电磁干扰的能力。

智能建筑综合布线系统中常用的三类系统是非屏蔽系统、屏蔽系统、光纤系统。它们为了解决外界电磁干扰问题，分别针对性提出了解决方案。

1. 非屏蔽系统

非屏蔽系统采用非屏蔽双绞线电缆和非屏蔽的智能建筑综合布线器件，它们没有屏蔽层，很容易受到外界的电磁干扰。为了提高抗干扰能力，非屏蔽双绞线电缆由多对绞合线对相互绞合而成，减少了电缆内部的分布电容，同时充分利用绞合线对的平衡原理来提高抵抗外界电磁干扰的能力。非屏蔽双绞线内的各线对的绞距都经过精心设计，各线对之间可以抵消部分电磁干扰。

非屏蔽系统中的接口模块和配线架也都充分考虑的抗电磁干扰的问题，进行了相应的处理，因此由模块、非屏蔽线缆、配线架组成的非屏蔽系统提供了一套较完整的抗干扰措施，在电磁干扰不太强的场合完全可以满足系统传输的要求。

非屏蔽双绞线由于没有屏蔽层，因此成本较低且施工快捷方便，是智能化建筑内最常用的电缆。但在强电磁干扰源的干扰下，非屏蔽双绞线抗干扰能力有限，很难保证传输通道的传输性能。同时由于非屏蔽双绞线没有屏蔽层，对自身向外辐射的电磁干扰也很难控制。

2. 屏蔽系统

屏蔽系统起源于欧洲，它由屏蔽双绞线电缆和屏蔽的智能建筑综合布线器件组成。屏蔽双绞线电缆内部也由多对相互绞合的线对组成，但覆盖了一层金属屏蔽层，利用金属屏蔽层的反射、吸收及趋肤效应实现防止电磁干扰及电磁辐射的功能，同时利用绞合线对的平衡原理也可以进一步提高抵抗外界电磁干扰的能力。

要想实现良好的屏蔽效果，智能建筑综合布线必须实施全程的屏蔽处理，即模块、线缆、配线架等全套设备均采用屏蔽措施。全程屏蔽是很难达到的，因为其中的信息插口、跳线等很难做到全屏蔽，再加上屏蔽层的腐蚀，氧化破损等因素，因此，没有一个通道能真正做到全程屏蔽。同时，屏蔽电缆的屏蔽层对低频磁场的屏蔽效果较差，不能抵御诸如电动机等设备产生的低频干扰，所以采用屏蔽电缆也不能完全消除电磁干扰。

要实现良好的屏蔽就必须对屏蔽层进行接地处理，在屏蔽层接地后使干扰电流经屏蔽层短路入地。因此，屏蔽系统的良好接地是十分重要的，否则不但不能减少干扰，反而会使干扰增大。因为当接地点安排不正确、接地电阻过大、接地电位不均衡时，会引起接地噪声，即在传输通道的某两点产生电位差，从而使金属屏蔽层上产生干扰电流，这时屏蔽层本身就形成了一个最大的干扰源，导致其性能远不如非屏蔽传输通道。因此，为保证屏蔽效果，必须对屏蔽层正确可靠接地。

目前屏蔽布线系统在电磁兼容方面的良好性能也正在为越来越多的用户所认可。市场上的屏蔽布线产品除了进口外，越来越多的国内厂商也提供屏蔽布线产品。在最新发布的北美布线 TIA/EIA 568B 标准中，屏蔽电缆和非屏蔽电缆同时被作为水平布线的推荐媒介，从而结束了北美没有屏蔽系统的历史。在中国，越来越多的用户，尤其是涉及保密和布线环境电磁干扰较强的项目用户，开始关注和使用屏蔽系统甚至是六类屏蔽系统。

3. 光纤系统

光纤系统由光缆及光纤管理器件组成。光纤系统传输的是光信号，因此光纤系统本身就具有良好的抗电磁干扰能力。为了达到优良的屏蔽效果，近年来随着光纤技术越来越成熟，很多智能建筑综合布线项目也逐步采用光纤来替代屏蔽双绞线电缆。但由于光纤设备还比较昂贵，所以光纤一般只应用于对安全性、保密性要求很高的环境。

智能建筑内的布线系统是选用非屏蔽系统，还是选用屏蔽系统，或者选用光纤系统，要从工程项目的质量要求、工期和投资来决定。

非屏蔽系统施工比较简单，质量标准要求低，施工工期较短，投资低，而屏蔽系统对屏蔽层的处理要求很高，除了要求链路的屏蔽层不能有断点外，还要求屏蔽通路必须是完整的全过程屏蔽。从目前的施工条件来讲，很难达到整个系统的全过程屏蔽，因此选用屏蔽系统要慎重考虑。光纤系统具有优良的传输性能和抗干扰能力，因此光纤系统将是未来布线系统发展的方向。目前，如果工程投资大且工程质量要求高的项目，可以推荐使用光纤系统。

2.9.3 接地保护

1. 接地要求

根据智能建筑综合布线相关规范要求，接地要求如下：

（1）直流工作接地电阻一般要求不大于 4 Ω，交流工作接地电阻也不应大于 4 Ω，防雷保护接地电阻不应大于 10 Ω。

（2）建筑物内部应设有一套网状接地网络，保证所有设备共同的参考等电位。如果智能建筑综合布线系统单独设置接地系统，且能保证与其他接地系统之间有足够的距离，则接地电阻值规定为小于等于 4 Ω。

（3）为了获得良好的接地，推荐采用联合接地方式。所谓联合接地方式就是将防雷接地、交流工作接地、直流工作接地等统一接到共用的接地装置上。当智能建筑综合布线采用联合接地系统时，通常利用建筑钢筋作防雷接地引下线，而接地体一般利用建筑物基础内钢筋网作为自然接地体，使整幢建筑的接地系统组成一个笼式的均压整体。联合接地电阻要求小于或等于 1 Ω。

（4）接地所使用的铜线电缆规格与接地的距离有直接关系，一般接地距离在 30 m 以内，接地导线采用直径为 4 mm 的带绝缘套的多股铜线缆。接地铜缆规格与接地距离的关系如表2.9.1 所示。

表 2.9.1 接地铜线电缆规格与接地距离的关系

接地距离/m	接地导线直径/mm	接地导线截面积/mm^2
小于 30	4.0	12
30～48	4.4	16
48～76	5.6	25
76～106	6.2	30
106～122	6.7	35
122～150	8.0	50
151～300	9.8	75

2. 接地结构

根据商业建筑物接地和接线要求的规定，智能建筑综合布线系统接地的结构包括接地线、接地母线（分接地铜排）、接地干线、主接地母线（总接地铜排）、接地引入线和接地体 6 部分，如图 2.9.1 所示。在进行系统接地的设计时，可按上述 6 个要素分层进行设计。

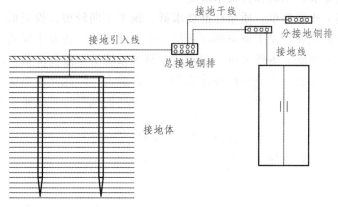

图 2.9.1　接地系统的结构图

1）接地线

接地线是指智能建筑综合布线系统各种设备与接地母线之间的连线，所有接地线均为铜质绝缘导线，其截面应不小于 4 mm^2。

2）接地母线（层接地铜排）

接地母线是水平布线子系统接地线的公用中心连接点。

3）接地干线

接地干线是由总接地母线引出，连接所有接地母线的接地导线。接地干线应为绝缘铜芯导线，最小截面积应不小于 16 mm^2。

4）主接地母线（总接地铜排）

一般情况下，每幢建筑物都有一个主接地母线。主接地母线作为智能建筑综合布线接地系统中接地干线及设备接地线的转接点，其理想位置宜设于外线引入间或建筑管理间。

5）接地引入线

接地引入线指主接地母线与接地体之间的接地连接线，宜采用镀锌扁钢。接地引入线应做绝缘防腐处理，在其出土部位应有防机械损伤措施，且不宜与暖气管道同沟布放。

6）接地体

接地体分自然接地体和人工接地体两种。当智能建筑综合布线采用单独接地系统时，接地体一般采用人工接地体。距离工频低压交流供电系统的接地体不宜小于 10 m，距离建筑物防雷系统的接地体不应小于 2 m，接地电阻不应大于 4 Ω。

3. 接地类型

智能建筑综合布线系统中配线间、设备间内安装的设备以及从室外进入建筑内的电缆都需要进行接地处理，以保证设备的安全运行。根据接地的作用不同，有多种接地形式，主要有直流工作接地、交流工作接地、防雷保护接地、防静电保护接地、屏蔽接地、保护接地。

1）直流工作接地

直流工作接地也称为信号接地，是为了确保电子设备的电路具有稳定的零电位参考点而设置的接地。

2）交流工作接地

交流工作接地是为保证电力系统和电气设备达到正常工作要求而进行的接地，220/380 V交流电源中性点的接地即为交流工作接地。

3）防雷保护接地

防雷保护接地是为了防止电气设备受到雷电的危害而进行的接地。通过接地装置可以将雷电产生的瞬间高电压泄放到大地中，保护设备的安全。

4）防静电保护接地

防静电保护接地是为了防止可能产生或聚集静电电荷而对用电设备等进行的接地。为了防静电，设备间一般均敷设了防静电地板，电板的金属支撑架均连接了地线。

5）屏蔽接地

为了取得良好的屏蔽效果，屏蔽系统要求屏蔽电缆及屏蔽连接器件的屏蔽层连接地线。屏蔽电缆或非屏蔽电缆敷设在金属线槽或管道时，金属线槽或管道也要连接地线。

6）保护接地

为保障人身安全、防止间接触电而将设备的外壳部分进行接地处理。通常情况下设备外壳是不带电的，但发生故障时可能造成电源的供电火线与外壳等导电金属部件短路时，这些金属部件或外壳就形成了带电体，如果没有良好的接地，则带电体和地之间就会产生很高的电位差。如果人不小心触到这些带电的设备外壳，就会通过人的身体形成电流通路，产生触电危险。因此，必须将金属外壳和大地之间做良好的电气连接，使设备的外壳和大地等电位。

模块小结

智能建筑综合布线系统的设计是一项系统工程，作为设计人员必须熟悉设计流程，认真做好用户需求分析，才能设计出行之有效的设计方案以及施工图纸。在方案设计中，重点针对工作区子系统、配线（水平）子系统、管理子系统、干线（垂直）子系统、设备间子系统、进线间子系统和建筑群子系统 7 个子系统进行设计。

设计人员的设计成果是通过设计方案体现出来的，因此要认真分析用户需求，按照方案书书写要点及格式编写方案。编写方案时，要力求设计思路明确，文字通俗易懂。方案中工程设备清单是一份重要的文档，必须认真依据各子系统的设计方法进行核算，力求不要出现错误，否则会使招投标工作受到影响。

问题与思考

1. 在智能建筑综合布线设计的过程中，智能建筑综合布线设计师需要做哪些工作？

2. 工作区子系统包括哪些设备？

3. 工作区子系统有哪几种布线方法？有什么不同？分别应用于什么样的建筑物？

4. 水平干线子系统有哪几种布线方法？各有什么特点？应用于何种建筑物？

5. 管理间中的机柜分成了几部分？每一部分安装什么设备？

6. 垂直干线子系统的设计范围是什么？一般应怎样布线？

7. 如何确定设备间的位置？如何计算设备间的面积？

8. 如何确定进线间的位置？如何计算进线间的面积？

9. 建筑群子系统通常有哪几种布线方法？各有什么特点？

10. 保护子系统包括哪些内容？

技能训练

实训名称	智能建筑综合布线方案书设计
实训目的	1. 学会依据用户需求分析和 GB 50311-2007 标准编制智能建筑综合布线方案书。 2. 学会依据方案书编制工程概预算。 3. 学会依据方案书绘制工程图纸
实训条件	实地勘察、概预算软件、AutoCAD 软件
实训内容	1. 以 3 人小组（其中 1 人负责方案书编制、1 人负责概预算编制、1 人负责工程图纸绘制）为单位组织教学，任课教师可以在学习本章节时布置本实训任务，学生边学习后续章节，边进行智能建筑综合布线设计，待本章结束时学生再提交设计方案书、概预算和图纸。 2. 每个学生小组可以任选设计内容（如学生宿舍区、教学楼、实验楼等），也可以有任课教师指定设计内容。 3. 方案书包括设计原则、设计依据、用户需求分析、产品选型、各子系统设计（工作区子系统、配线子系统、管理间子系统、干线子系统、设备间子系统、进线间子系统和建筑群子系统七个部分），见信息通信工程概预算定额册、费用定额册。 4. 工程概预算需要填写表一、表二、表三（甲、乙、丙）、表四（甲）和表五（甲），可以使用预算软件，也可以手工计算，见信息通信工程概预算定额册、费用定额册。 5. 工程图纸采用 AutoCAD 软件绘制，需要绘制管线图、系统图、建筑平面图、机柜设备布置图，具体案例见教材相应章节

模块 3　智能建筑综合布线系统工程施工

【模块引入】

智能建筑综合布线系统工程施工是所有弱电系统的基础，工程施工的质量好与坏直接关系到各子系统的稳定性，主要由区域综合外网、室内综合管网和综合布线以及防雷及接地等工程组成。区域综合外网工程由管道、电缆隧道、电缆沟、人（手）孔、引入与引出配管、室外交接箱等组成；室内综合管网由弱电间、线槽、配管、配线箱、接线盒、智能配线箱、管网支架等组成；综合布线工程主要包括用于建筑弱电系统及综合布线的主干线缆、水平线缆、用户配线、各类配线模块、机柜等。

【知识点】

（1）掌握施工前的准备工作内容；

（2）掌握各种材料和设备的种类和用途；

（3）掌握路由通道建设、线缆布防技术、线缆端接技术、设备机柜安装方法与规范点。

【技能点】

（1）能够做好施工前的准备工作；

（2）能熟练使用常用工具、设备和仪表；

（3）能根据设计图纸、施工规范和现场情况建设路由通道、布放电缆和光缆、端接信息模块和配线架、安装设备机柜等。

学习单元 3.1　布线施工概述

【单元引入】

智能建筑综合布线施工的组织管理工作主要分为工程实施前的准备工作、施工过程中组织管理工作、工程竣工验收工作三个阶段。要确保智能建筑综合布线工程的质量就必须在这三个阶段中认真按照工程规范的要求进行工程组织管理工作。

3.1.1　施工前的准备工作

施工前的准备工作主要包括技术准备、施工前的环境检查、施工前设备器材及施工工具检查、施工组织准备等环节。

1. 技术准备工作

（1）熟悉智能建筑综合布线系统工程设计、施工、验收的规范要求，掌握智能建筑综合布线各子系统的施工技术以及整个工程的施工组织技术。

（2）熟悉和会审施工图纸。施工图纸是工程人员施工的依据，因此，作为施工人员必须认真读懂施工图纸，理解图纸设计的内容，掌握设计人员的设计思想。只有对施工图纸了如指掌后，才能明确工程的施工要求，明确工程所需的设备和材料，明确与土建工程及其他安装工程的交叉配合情况，确保施工过程不破坏建筑物的外观，不与其他安装工程发生冲突。

（3）熟悉与工程有关的技术资料，如厂家提供的说明书和产品测试报告、技术规程、质量验收评定标准等内容。

（4）技术交底。技术交底工作主要由设计单位的设计人员和工程安装承包单位的项目技术负责人一起进行的。技术交底的主要内容包括：设计要求和施工组织设计中的有关要求；工程使用的材料、设备性能参数；工程施工条件、施工顺序、施工方法；施工中采用的新技术、新设备、新材料的性能和操作使用方法；预埋部件注意事项；工程质量标准和验收评定标准；施工中安全注意事项。技术交底的方式有书面技术交底、会议交底、设计交底、施工组织设计交底、口头交底等形式。

（5）编制施工方案。在全面熟悉施工图纸的基础上，依据图纸并根据施工现场情况、技术力量及技术准备情况，综合做出合理的施工方案。

（6）制定施工进度表。制定施工进度表要留有适当的余地，施工过程中意想不到的事情随时可能发生，要求立即协调。

（7）编制工程预算。工程预算具体包括工程材料清单和施工预算。

2. 施工前的环境检查

在工程施工开始以前应对楼层配线间、二级交接间、设备间的建筑和环境条件进行检查，具备下列条件方可开工。

（1）楼层配线间、二级交接间、设备间、工作区土建工程已全部竣工。房屋地面平整、光洁，门的高度和宽度应不妨碍设备和器材的搬运，门锁和钥匙齐全。

（2）房屋预留地槽、暗管、孔洞的位置、数量、尺寸均应符合设计要求。

（3）对设备间铺设活动地板应专门检查，地板板块铺设必须严密坚固。每平方米水平允许偏差不应大于 2 mm，地板支柱牢固，活动地板防静电措施的接地应符合设计和产品说明要求。

（4）楼层配线间、二级交接间、设备间应提供可靠的电源和接地装置。

（5）楼层配线间、二级交接间、设备间的面积，环境温湿度、照明、防火等均应符合设计要求和相关规定。

3. 施工前的器材检查

工程施工前应认真对施工器材进行检查，经检验的器材应做好记录，对不合格的器材应单独存放，以备再次检查或处理。

1）型材、管材与铁件的检查要求

（1）各种型材的材质、规格、型号应符合设计文件的规定，表面应光滑、平整，不得变形、断裂。预埋金属线槽、过线盒、接线盒及桥架表面涂覆或镀层均匀、完整，不得变形、损坏。

（2）管材采用钢管、硬质聚氯乙烯管时，其管身应光滑、无伤痕，管孔无变形，孔径、壁厚应符合设计要求。

（3）管道采用水泥管道时，应按通信管道工程施工以及验收中相关规定进行检验。

（4）各种铁件的材质、规格均应符合质量标准，不得有歪斜、扭曲、飞刺、断裂或破损。

（5）铁件的表面处理和镀层应均匀、完整，表面应光洁，无脱落、气泡等缺陷。

2）电缆和光缆的检查要求

（1）工程中所用的电缆、光缆的规格和型号应符合设计的规定。

（2）每箱电缆或每圈光缆的型号和长度应与出厂质量合格证内容一致。

（3）线缆外护套应完整无损，芯线无断线和混线，并应有明显的色标。

（4）线缆外护套具有阻燃特性的，应取一小截电缆进行燃烧测试。

（5）对进入施工现场的线缆应进行性能抽测。抽测方法可以采用随机方式抽出某一段电缆（长度最好是 100 m），然后使用测线仪器进行各项参数的测试，以检验该电缆是否符合工程所要求的性能指标。

3）配线设备的检查要求

（1）检查机柜或机架上的各种零件是否脱落或损坏，表面如有脱落应予以补漆。各种零件应完整、清晰。

（2）检查各种配线设备的型号、规格是否符合设计要求。各类标识是否统一、清晰。

（3）检查各配线设备的部件是否完整，是否安装到位。

3.1.2　施工中的组织管理工作

为了保证智能建筑综合布线工程的顺利进行，在施工过程中应注意以下问题：

1. 现场施工

现场施工采用项目经理负责制，由项目经理组织各部门进行现场技术分析、技术交底、人员安排；由技术部负责技术交流，现场技术指导，组织解决技术问题；由施工部进行现场施工、布线施工、卡线及设备安装；由质检部负责施工质量和验收。

2. 施工规范

严格按照智能建筑综合布线系统施工规范要求施工。

3. 施工进度

严格控制施工进度，保证施工周期。

4. 施工安全

智能建筑综合布线工程施工过程中，除了要保证线缆及整个系统的安装快捷迅速外，还要保证在施工过程中不出现任何差错，确保设备、参加工程施工的工作人员以及终端用户没有任何危险。

1）穿着合适

穿着合适的工装可以保证工作中的安全，一般情况下，着工装裤、衬衫和夹克衫即可。除了这些服装之外，在某些操作中还需要下面一些配件：

（1）安全眼镜。在特殊操作中要始终佩戴安全眼镜，如线缆端接、光纤接续等时候，容易有异物弹出伤及眼睛的操作。

（2）安全帽。在工地上应始终佩戴安全帽，以防止高空坠物带来的危险。

（3）手套。在操作过程中手套可以防止尖锐物品刺伤施工人员的手，并能增大手上的摩擦力防止物品掉落。

（4）劳保鞋。在操作过程中劳保鞋可以防止尖锐物品刺伤施工人员的脚，保护脚踝，并能增大脚下的摩擦力防止打滑。

2）计划工作时谨记安全

在做工作计划时要谨记安全，如果计划工作的时候发现有关的工作区域存在安全问题，可以请监督工程的人员来一起查看解决。

3）保证工作区域的安全

确保在工作区域的每个人的安全，一旦工程确定，在整个布线施工区域要设置安全带和安全标记，妥善安排管理各种施工工具使其不妨碍他人，缺乏管理的工具容易造成安全隐患。

4）使用合适的工具

在安装任何布线系统时，都会使用到手工工具。在保证安全使用工具的同时，应该注意选择合适的工具。

5. 质量管理及措施

根据工程特点推行全面质量管理制度，拟定各项要做的管理计划并付诸实施，在施工各阶段做到有组织、有制度、有各种数据，把工程质量提高到一个新的水平。具体措施如下：

1）质量保证措施

实行各专用质量责任制，建立以公司工程师进行指导，项目经理负责质量检查的领导体制。项目经理组织各专业组长为开工做好技术准备，各专业技术组按照设计方案、施工图纸、施工规程和本工程具体情况，编制分项分部工程实施步骤，向班组人员进行任务交底。严格按图施工，严格遵守工艺操作规程。各班组应以各工序质量保证工程整体质量，各班组长必须对负责的专业工序进行现场监督检查。现场施工人员必须虚心接受甲方及各级质检人员的检查监督，出现质量问题时必须及时上报并提出整改措施，进行层层落实。

2）安全文明施工措施

建立以项目经理为组长，各专业组长参加的现场管理小组，负责现场管理、监督和协调工作。由各专业组长进行施工前现场调查，结合现场情况制定安全措施，明确施工中的注意事项。现场领导小组定期进行安全及文明施工检查，发现问题及时纠正。现场作业人员应配备有效的劳动保护装备，保证施工环境的照明和通信条件。做到文明现场施工，采取必要的防盗防撬措施，争当文明施工队伍。

核算施工材料，实行限额领料，搞好计划，减少材料损失。搞好机具设备的使用、维护，加强设备停滞时间和机具故障率管理，合理安排进场人员，加强劳动纪律，提高工作效率。搞好已完工的管理和保护，避免因保护不当损坏已完成的工程，造成重复施工。抓紧完工工程的检查及工程资料的收集、整理，工图的绘制，抓紧工程收尾，减少管理费用支出。加强仪器工具的使用管理，按作业班组落实专人负责，以免造成丢失、损坏而影响工期。

3.1.3　工程竣工验收要求

根据智能建筑综合布线工程施工与验收规范的规定，智能建筑综合布线工程竣工验收主要包括三个阶段：工程验收准备，工程验收检查，工程竣工验收。工程验收工作主要是由施工单位、监理单位、用户单位三方一起参与实施的。

1. 工程验收准备

工程竣工完成后，施工单位应向用户单位提交一式三份的工程竣工技术文档，具体应包含以下内容：

（1）竣工图纸。竣工图纸应包含设计单位提交的系统图和施工图，以及在施工过程中变更的图纸资料。

（2）设备材料清单。它包含智能建筑综合布线各类设备类型及数量，以及管槽等材料。

（3）安装技术记录。它包含施工过程中验收记录和隐蔽工程签证。

（4）施工变更记录。它包含由设计单位、施工单位及用户单位一起协商确定的更改设计资料。

（5）测试报告。测试报告是由施工单位对已竣工的智能建筑综合布线工程进行的测试结果记录。它包含楼内各个信息点通道的详细测试数据以及楼宇之间光缆通道的测试数据。

2. 工程验收检查

工程验收检查工作是由施工方、监理方、用户方三方一起进行的，根据检查出的问题可以立即制定整改措施，如果验收检查已基本符合要求的可以提出下一步竣工验收的时间。工程验收检查工作主要包含下面内容：

1）信息插座检查

信息插座标记是否齐全；信息插座的规格和型号是否符合设计要求；信息插座安装的位置是否符合设计要求；信息插座模块的端接是否符合要求；信息插座各种螺丝是否拧紧；如果是屏蔽系统，还要检查屏蔽层是否接地可靠。

2）楼内线缆的敷设检查

线缆的规格和型号是否符合设计要求；线缆的敷设工艺是否达到要求；管槽内敷设的线缆容量是否符合要求。

3）管槽施工检查

安装路由是否符合设计要求；安装工艺是否符合要求；如果采用金属管，要检查金属管是否可靠接地；检查安装管槽时已破坏的建筑物局部区域是否已进行修补并达到原有的感观效果。

4）线缆端接检查

信息插座的线缆端接是否符合要求；配线设备的模块端接是否符合要求；各类跳线规格及安装工艺是否符合要求；光纤插座安装是否符合工艺要求。

5）机柜和配线架的检查

规格和型号是否符合设计要求；安装的位置是否符合要求；外观及相关标志是否齐全；各种螺丝是否拧紧；接地连接是否可靠。

6）楼宇之间线缆敷设检查

线缆的规格和型号是否符合设计要求；线缆的电气防护设施是否正确安装；线缆与其他线路的间距是否符合要求；对于架空线缆要注意架设的方式以及线缆引入建筑物的方式是否符合要求；对于管道线缆要注意管径、入孔位置是否符要求；对于直埋线缆注意其路由、深度、地面标志是否符合要求。

3. 工程竣工验收

工程竣工验收是由施工方、监理方、用户方三方一起组织人员实施的。它是工程验收中的一个重要环节，最终要通过该环节来确定工程是否符合设计要求。工程竣工验收包含整个工程质量和传输性能的验收。

工程质量验收是通过到工程现场检查的方式来实施的，具体内容可以参照工程验收检查的内容。由于测试之前，施工单位已自行对所有信息点的通道进行了完整的测试并提交了测试报告，因此该环节主要以抽检方式进行，一般可以抽查工程的20%信息点进行测试。如果测试结果达不到要求，则要求工程所有信息点均需要整改并重新测试。

学习单元 3.2 路由通道建设

【单元引入】

路由通道建设是指根据现场勘察和工程图纸将线槽、线管、桥架固定在墙上、地板或者天花板上形成线路的过程。两点间最短的距离是直线，但对于布线来说，它不一定就是最好、最佳的路由。在选择最容易、最廉价布线的路由时，要考虑便于施工，便于操作，即使花费更多的线缆也要坚持这样做。

3.2.1 线槽、线管、桥架的选择

1. 线槽、线管的类型与规格

1）线槽

线槽是指方形的线缆支撑保护材料，用于构建线缆的敷设通道，实物如图 3.2.1 所示。在布线系统中使用的线管主要有金属线槽和塑料 PVC 线槽两种。金属线槽又称槽式桥架，由

槽底和槽盖组成，每根槽一般长度为 2 m，槽与槽连接时使用相应尺寸的铁板和螺丝固定。塑料 PVC 线槽是智能建筑综合布线工程中明敷管槽时广泛使用的一种材料。

（a）塑料 PVC 线槽

（b）金属线槽

图 3.2.1　线槽及其附件实物图

在智能建筑综合布线系统中一般使用的金属槽的规格有：50×100（mm）、100×100（mm）、100×200（mm）、100×300（mm）、200×400（mm）等。塑料槽从规格上讲有：20×12（mm）、25×12.5（mm）、25×25（mm）、30×15（mm）、40×20（mm）等。线槽配套的附件有：阳角、阴角、直转角、平三通、左三通、右三通、连接头、终端头、接线盒（暗盒、明盒）等，如表 3.2.1 所示。

表 3.2.1　PVC 线槽配套的附件

产品名称	图例	产品名称	图例	产品名称	图例
阳角		平三通		连接头	
阴角		左三通		终端头	
直转角		右三通		接线盒	

2）线管

线管是指圆形的线缆支撑保护材料，用于构建线缆的敷设通道，实物如图 3.2.2 所示。在布线系统中使用的线管主要有塑料 PVC 管和金属管（钢管）两种。一般要求线管具有一定的抗压强度，可明敷墙外或暗敷于混凝土内；具有耐一般酸碱腐蚀的能力，防虫蛀、鼠咬；具有阻燃性，能避免火势蔓延；表面光滑、壁厚均匀。

（a）塑料 PVC 管

（b）金属管

图 3.2.2　线管实物图

金属管是用于分支结构或暗埋的线路，它的规格也有多种，以外径毫米（mm）为单位分类。工程施工中常用的管线有：D16、D20、D25、D32、D40、D50、D63、D25、D110 等规格。与管线安装配套的附件有：接头、螺圈、弯头、弯管弹簧、一通接线盒、二通接线盒、三通接线盒、四通接线盒、开口管卡、专用截管器、PVC 粗合剂等。

3）波纹管

波纹管如图 3.2.3 所示，是一种内壁光滑、外壁呈中空波纹状并具密封胶圈的塑料管，由于外壁波纹，增加了管子本身的惯性距，提高了管材的刚性和承压能力，同时赋予了管子一定的纵向柔性。

图 3.2.3　波纹管实物图　　　　　图 3.2.4　7 孔蜂窝管实物图

4）蜂窝管

蜂窝管是一种新型的光缆护套管，采用一体多孔蜂窝结构，便于光缆的穿入、隔离及保护，具有提高功效、节约成本、安装方便可靠等优点。PVC 蜂窝管有 3 孔、4 孔、5 孔、6孔、7 孔等规格，7 孔蜂窝管如图 3.2.4 所示。

5）底盒

信息点插座底盒按照材料组成一般分为金属底盒和塑料底盒，按照安装方式一般分为暗装底盒和明装塑料，按照配套面板规格分为 86 系列和 120 系列。

一般墙面安装 86 系列面板时，配套的底盒有明装和暗装两种。明装底盒经常在改扩建工程墙面明装方式布线时使用，一般为白色塑料盒，外形美观，表面光滑，外形尺寸比面板稍小一些，为长 84 mm，宽 84 mm，深 36 mm，底板上有若干个直径 6 mm 的安装孔，用于将底座固定在墙面，正面有 2 个 M4 螺孔，用于固定面板，侧面预留有上下进线孔，如图 3.2.5（a）所示。

（a）明装底盒　　　　　（b）暗装塑料底盒　　　　　（c）暗装金属底盒

图 3.2.5　底盒实物图

暗装底盒一般在新建项目和装饰工程中使用，暗装底盒常见的有金属和塑料两种。塑料底盒一般为白色，一次注塑成型，表面比较粗糙，外形尺寸比面板小一些，常见尺寸为长80 mm，宽80 mm，深50 mm，三面都预留有进出线孔，方面进出线，底板上有2个安装孔，用于将底座固定在墙面，正面有2个M4螺孔，用于固定面板，如图3.2.5（b）所示。金属底盒一般一次冲压成型，表面都进行电镀处理，避免生锈，尺寸与塑料底盒基本相同，如图3.2.5（c）所示。

2. 桥架的类型与规格

桥架通常是固定在楼顶或墙壁上的，主要用作线缆的支撑。桥架主要分为槽式桥架、梯式桥架、托盘式桥架，由支架、托臂和安装附件等组成。

1）槽式桥架

槽式桥架为全封闭式结构，如图3.2.6所示。它对控制电缆的屏蔽干扰和重腐蚀环境中电缆的防护都有较好的效果。适用于敷设计算机电缆、通信电缆、热电偶电缆及其他高灵敏系统的控制电缆等。

2）梯式桥架

梯式桥架为开放式结构，如图3.2.7所示。它具有重量轻、成本低、造型别具、安装方便、散热、透气好等优点，适用于一般直径较大电缆的敷设，适合于高、低压动力电缆的敷设。

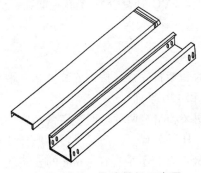

图 3.2.6　槽式桥架示意图

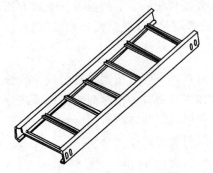

图 3.2.7　梯式桥架示意图

3）托盘式桥架

托盘式电缆桥架是石油、化工、轻工、电信等方面应用最广泛的一种，如图3.2.8所示。它具有重量轻、载荷大、造型美观、结构简单、安装方便等优点。它既适用于动力电缆的安装，也适合于控制电缆的敷设。

3.2.2　线槽、线管的安装

1. 技术规范

根据建筑与建筑群智能建筑《综合布线系统工程验收规范》（GB 50312—2007）要求，线槽、线管安

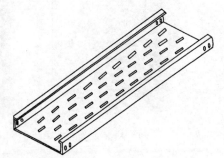

图 3.2.8　托盘式示意图

装过程中应遵循以下技术规范。

（1）线管加工要求：智能建筑综合布线工程使用的金属管应该符合设计文件的规定，表面不应有穿孔、裂缝和明显的凹凸不平，内壁应该光滑，不允许有锈蚀。为了防止在穿电缆时划伤电缆，管口应该没有毛刺和尖锐棱角。

（2）线管切割要求：在配管时，应根据实际需要的长度，对管子进行切割。管子的切割可使用钢锯、管子切割刀或电动切管机，严禁用气割。

（3）线管弯曲要求：在敷设线管时，应尽量减少弯头。每根线管的弯头不应超过3个，直角弯头不应超过2个，并不应有S弯出现。管子无弯曲时，长度可达45 m；管子有1个弯时，直线长度可达30 m；管子有2个弯时，直线长度可达20 m；管子有3个弯时，直线长度可达12 m。

（4）线管连接要求：金属管间的连接通常有短套管连接和管接头螺纹连接两种方法。套接的短套管或带螺纹的管接头的长度不应小于金属管外径的2.2倍。暗管的管口应该光滑并加有绝缘套管，管口伸出部位为25～50 mm。金属管的连接采用短套接时，施工简单方便；采用管接头螺纹连接则较为美观，可以保证金属管连接后的强度。无论采用哪一种方式，均应保证需要连接的金属管管口对准、牢固、密封。

（5）线管暗设要求：预埋在墙体中间的金属管内径不宜超过50 mm，楼板中的管径宜为15～25 mm，直线布管时一般应在30 m处设置暗线盒。敷设在混凝土、水泥里的金属管，其地基应该坚实、平整，不应有沉陷，以保证敷设后的线缆安全运行。金属管道应有不小于0.1%的排水坡度。建筑群之间金属管埋没深度不应小于0.8 m；在人行道下面敷设时，不应小于0.5 m。金属管的两端应有标记，表示建筑物、楼层、房间和长度。

（6）线管明铺要求：线管的支持点间距有设计要求时应该按照规定进行施工，无设计要求时不应超过3 m，在距离接线盒0.3 m处使用管卡固定，在弯头两边应用管卡固定。

（7）线槽加工要求：线槽应平整，无扭曲变形，内壁无毛刺，接缝处应平整，槽盖安装上后应平整、无翘角，所有线槽转弯位必须有45°过渡段，线槽内线的填充量不能超过60%。

（8）线槽安装要求：线槽安装位置应符合施工图规定，左右偏差视环境而定，最大不超过50 mm。线槽水平度每米偏差不应超过2 mm。垂直线槽应与地面保持垂直，并无倾斜现象，垂直度偏差不应超过3 mm。

（9）线槽支撑保护要求：水平敷设时，支撑间距一般为1.5～2 m；垂直敷设时，固定在建筑物结构体上的支撑点间距宜小于2 m。

（10）线槽敷设要求：金属线槽敷设时，转弯处设置支架或吊架。塑料线槽底固定点间距一般为1 m。在活动地板下敷设线缆时，活动地板内净空不应小于150 mm。如果活动地板内作通风系统使用时，活动地板内净空不应小于300 mm。采用公用立柱作为吊顶支撑柱时，可在立柱中布放线缆。

（11）预埋金属线槽支撑保护要求：在建筑物中预埋线槽时可以根据不同的尺寸，按一层或二层设备，应至少预埋两根以上，线槽截面高度不宜超过25 mm。线槽直埋长度超过15 m时，或在线槽路由上出现交叉、转变时宜设置拉线盒，以便布放线缆和维护。

（12）底盒安装要求：安装在地面上的接线盒应防水和抗压，安装在墙面或柱子上的信息插座底盒、多用户信息插座盒及集合点配线箱体的底部离地面的高度宜为300 mm，距离电源插座200 mm。工作区的电源每1个工作区至少应配置1个220 V交流电源插座，电源插座应选用带保护接地的单相电源插座，保护接地与零线应严格分开。

2. 安装步骤

第1步：确定线槽、线管规格。须按照需要容纳双绞线的数量来确定，选择常用的标准线槽规格，不要选择非标准规格。

第2步：安装底盒。根据各个房间信息点出线管口在楼道或房间的高度，预留有进出线孔，方便进出线，底板上有2个安装孔，用于将底座固定在墙面，如图3.2.9所示。

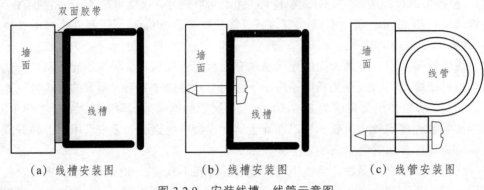

（a）线槽安装图　　　　（b）线槽安装图　　　　（c）线管安装图

图 3.2.9　安装线槽、线管示意图

第3步：安装线槽、线管。根据各个房间信息点出线槽、线管口在楼道高度，确定楼线槽、线管安装高度，再使用双面胶、钉子、管卡等将线槽、线管固定在墙面，如图 3.2.9 所示。注意安装的线槽、线管上下左右在一条直线上，转角处可使用相应的附件。

第4步：线缆布放见学习单元3.3。

第5步：装线槽盖板（只有线槽需要，线管不需要）。将楼道全部线槽固定好以后，再将各个管口的出线逐一放入线槽，边放线边盖板，放线时注意拐弯处保持比较大的曲率半径。

3.2.3　桥架的安装

1. 技术规范

根据建筑与建筑群智能建筑《综合布线系统工程验收规范》（GB 50312—2007）要求，桥架安装过程中应遵循以下技术规范：

（1）桥架由室外进入建筑物内时，桥架向外的坡度不得小于1/100。

（2）桥架与用电设备交越时，其间的净距不小于0.5 m。

（3）两组桥架在同一高度平行敷设时，其间净距不小于0.6 m。

（4）在平行图上绘出桥架的路由，要注明桥架起点、终点、拐弯点、分支点及升降点的坐标或定位尺寸、标高，如能绘制桥架敷设轴侧图，对材料统计将更精确。

（5）桥架支撑点（如立柱、托臂或非标准支、构架）的间距、安装方式、型号规格、标高，可同时在平面上列表说明，也可分段标出用不同的剖面图、单线图或大样图表示。

（6）对于线缆引下点位置及引下方式，一般而言，大批线缆引下可用垂直弯接板和垂直引上架，少量电缆引下可用导板或引管注明引下方式即可。

（7）桥架宜高出地面 2.2 m 以上，桥架顶部距顶棚或其他障碍物不应小于 0.3 m，桥架宽度不宜小于 0.1 m，桥架内横断面的填充率不应超过 50%。

（8）桥架内缆线垂直敷设时，在缆线的上端和每间隔 1.5 m 处应固定在桥架的支架上；水平敷设时，在缆线的首、尾、转弯及每间隔 3~5 m 处进行固定。

（9）在吊顶内设置时，槽盖开启面应保持 80 mm 的垂直净空，线槽截面利用率不应超过 50%。

（10）布放在线槽的缆线可以不绑扎，槽内缆线应顺直，尽量不交叉，缆线不应溢出线槽，在缆线进出线槽部位，转弯处应绑扎固定。垂直线槽布放缆线应每间隔 1.5 m 固定在缆线支架上。

（11）在桥架敷设线缆时，应对线缆进行绑扎，绑扎间距不宜大于 1.5 m，扣间距应均匀，松紧适度。

（12）桥架水平敷设时，支撑间距一般为 1.5~3 m，垂直敷设时固定在建筑物构体上的间距宜小于 2 m。

（13）金属线槽敷设时，在线槽接头处、间距 3 m 处、离开线槽两端口 0.5 m 处、转弯处设直至架或吊架。

2. 安装步骤

第 1 步：确定位置。根据建筑平面布置图，结合空调管线和电气管线等设置情况、是否方便维修，以及电缆路由的疏密来确定电缆桥架的最佳路由。在室内，尽可能沿建筑物的墙、柱、梁及楼板架设，如需利用综合管廊架设时，则应在管道一侧或上方平行架设，并考虑引下线和分支线尽量避免交叉，如无其他管架借用，则需自立（支）柱。

第 2 步：确定桥架的宽度。根据布放电缆条数、电缆直径及电缆的间距来确定电缆桥架的型号、规格，托臂的长度，支柱的长度、间距，桥架的宽度和层数。

第 3 步：确定安装方式。根据场所的设置条件确定桥架的固定方式，选择悬吊式、直立式、侧壁式或是混合式，连接件和紧固件一般是配套供应的，此外，根据桥架结构选择相应的盖板。

① 悬吊式。在楼板吊装桥架时，首先确定桥架安装高度和位置，并且安装膨胀螺栓和吊杆，其次安装挂板和桥架，同时将桥架固定在挂板上，最后在桥架开孔和布线，如图 3.2.10 所示。缆线引入桥架时，必须穿保护管，并且保持比较大的曲率半径。

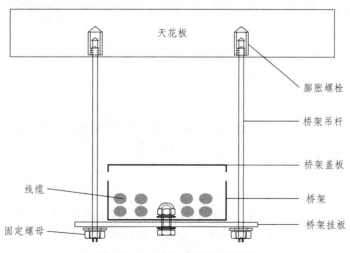

图 3.2.10 悬吊式桥架示意图

② 直立式。在楼道墙面安装金属桥架时，首先根据各个房间信息点出线管口的楼道高度，确定楼道桥架安装高度并且画线，其次先安装 L 型支架或者三角形支架，按照 2 ~ 3 个/m。支架安装完毕后，最后用螺栓将桥架固定在每个支架上，并且在桥架对应的管出口处开孔，如图 3.2.11 所示。

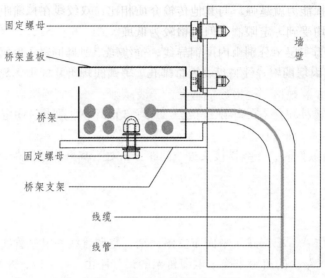

图 3.2.11　直立式桥架示意图

第 4 步：布线，见学习单元 3.3。
第 5 步：装桥架盖板。

学习单元 3.3　线缆布放技术

【单元引入】

　　线缆布防技术是指沿经勘查的路由布放、安装线缆以形成线路的过程。合理选择线缆的敷设方式对保证线路的传输质量、可靠性和施工维护等都是十分重要的。目前智能建筑综合布线工程中常用的双绞线布放技术和光纤光缆布放技术等。

3.3.1　线缆的选择

　　线缆包括光缆和电缆两大类，其中电缆有双绞线和同轴电缆两种；光缆有多模光纤光缆和单模光纤光缆两种。

1. 双绞线选择

　　双绞线（Twisted Pair，TP）是智能建筑综合布线工程中最常用的一种传输介质。所谓双绞线，就是把两条相互绝缘的铜导线按照一定的方向顺时针或逆时针拧在一起，形状就像一根麻花，故名双绞线。

1）双绞线的结构

双绞线采用了一对互相绝缘的金属导线互相绞合的方式来抵御一部分外界电磁波干扰，更主要的是降低自身信号的对外干扰。把两根绝缘的铜导线按一定密度互相绞在一起，可以降低信号干扰的程度，每一根导线在传输中辐射的电波会被另一根线上发出的电波抵消。一般扭线越密其抗干扰能力就越强，与其他传输介质相比，双绞线在传输距离，信道宽度和数据传输速度等方面均受到一定限制，但价格较为低廉。

双绞线结构分为三层，分别由内层铜导线、绝缘层、塑料护套（聚氯乙烯）组成，如图3.3.1 所示。双绞线内层的铜导线遵循 AWG 标准（美国线规尺寸标准，规定了导体的直径），大小有 22、24 和 26 等规格，规格数字越大，导线越细；外层的绝缘层一般由 PVC（聚氯乙烯化合物）制成；最外层还有一层塑料护套，用于保护电缆，护套外皮有非阻燃（CMR）、阻燃（CMP）和低烟无卤（LSZH）三种材料。

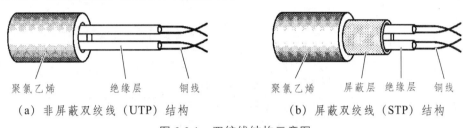

|（a）非屏蔽双绞线（UTP）结构 | （b）屏蔽双绞线（STP）结构 |

图 3.3.1　双绞线结构示意图

双绞线的每一条线都有色标，一条 4 对双绞线有橙色对、绿色对、蓝色对和棕色对 4 种色对，每种线对中一条是纯色，另一条是白色或是与白色相间的，如橙色线对是缠绕在一起的一条橙色的线和一条橙白相间的线。通过色标，我们就可以对双绞线中的每一条线进行识别和连接。

2）双绞线的分类

（1）按绝缘层的不同分类。

按照绝缘层外部是否有金属屏蔽层，双绞线可以分为非屏蔽双绞线（Unshielded Twisted Pair，UTP）和屏蔽双绞线（Shielded Twisted Pair，STP）两大类，如图 3.3.1 所示。屏蔽双绞线电缆的外层由铝铂包裹，以减小辐射，但并不能完全消除辐射，屏蔽双绞线价格相对较高，安装时要比非屏蔽双绞线电缆困难。屏蔽双绞线电缆按增加的金属屏蔽层数量和金属屏蔽层绕包方式，又可分为 STP（单屏蔽层）、FTP（铝箔屏蔽层）和 SFTP（双屏蔽层）三种。非屏蔽双绞线电缆具有无屏蔽外套，直径小，节省所占用的空间；重量轻，易弯曲，易安装；将串扰减至最小或加以消除；具有独立性和灵活性等优点，适用于智能建筑综合布线系统。

（2）按传输速率的不同分类。

按照传输速率的不同，双绞线可以分为 9 种不同的型号，如表 3.3.1 所示。

目前，我国智能建筑综合布线工程中语音信号一般使用三类线传输，数据信号一般使用五类、超五类、六类线传输。在实际施工的时候可根据设计要求以及用户的需求适当选择。

（3）按绞线对数的不同分类。

双绞线按其绞线对数可分为 2 对、4 对、25 对、100 对和 300 对等。2 对的双绞线用于电话，4 对的双绞线用于数据传输，25 对、100 对和 300 对的双绞线用于电信通信大对数线缆。

表 3.3.1 按双绞线传输速率的不同分类

型号	传输带宽	传输速率	应用
CAT1 一类线	100 kHz	100 kb/s	主要用于语音传输（传输模拟电话信号），现已停止使用
CAT2 二类线	1 MHz	4 Mb/s	主要用于 4 Mb/s 规范令牌传递协议的旧的令牌网，现已停止使用
CAT3 三类线	16 MHz	10 Mb/s	主要用于 10BASE-T，数字语音传输
CAT4 四类线	20 MHz	16 Mb/s	主要用于基于令牌的局域网和 10BASE-T/100BASE-T，数字语音传输
CAT5 五类线	100 MHz	100 Mb/s	主要用于 10BASE-T/100BASE-T 网络，是目前常用的以太网电缆
CAT5e 超五类线	155 MHz	1000 Mb/s	主要用于 1000 Mb/s 网络（千兆以太网），是目前常用的以太网电缆
CAT6 六类线	1 ~ 250 MHz	1000 Mb/s	传输带宽是超五类的两倍，主要用于千兆以太网，是目前常用的以太网电缆
CAT6e 超六类线	200 ~ 250 MHz	1000 Mb/s	在传输频率方面与六类线一样，只是在串扰、衰减和信噪比等方面有较大改善
CAT7 七类线	500 MHz	10 Gb/s	传输带宽是六类线和超六类线的 2 倍以上，主要应用于欧盟，中国较少使用

2. 同轴电缆选择

同轴电缆（Coaxial cable），内外由相互绝缘的同轴心导体构成的电缆，其频率特性比双绞线好，能进行较高速率的传输，是局域网中最常见的传输介质之一，常用于电视信号的传送。

1）同轴电缆的结构

同轴电缆是有线电视系统中用来传输射频信号的主要媒质，它是由芯线和屏蔽网筒构成的两根导体，因为这两根导体的轴心是重合的，故称同轴电缆或同轴线。同轴电缆分成四层，分别由导体、绝缘层、屏蔽层和护套组成，如图 3.3.2 所示。

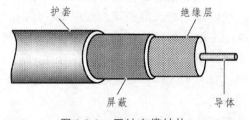

图 3.3.2 同轴电缆结构

（1）导体。

导体通常由一根实心铜线构成，利用高频信号的集肤效应，可采用空铜管，也可用镀铜铝棒，对不需供电的用户网采用铜包钢线，对于需要供电的分配网或主干线建议采用铜包铝线，这样既能保证电缆的传输性能，又可以满足供电及机械性能的要求，减轻了电缆的重量，也降低了电缆的造价。

（2）绝缘层。

绝缘层可以采用聚乙烯、聚丙烯、聚氯乙烯（PVC）和氟塑料等，常用的绝缘介质是损耗小、工艺性能好的聚乙烯。

（3）屏蔽层。

同轴电缆的屏蔽层有双重作用，它既作为传输回路的一根导线，又具有屏蔽作用，外导体通常有 3 种结构。

① 金属管状。这种结构采用铜或铝带纵包焊接，或者是无缝铜管挤包拉延而成，这种结构形式的屏蔽性能最好，但柔软性差，常用于干线电缆。

② 铝塑料复合带纵包搭接。这种结构有较好的屏蔽作用，且制造成本低，但由于外导体是带纵缝的圆管，电磁波会从缝隙处穿出而泄漏，应慎重使用。

③ 编织网与铝塑复合带纵包组合。这是从单一编织网结构发展而来的，它具有柔软性好、重量轻和接头可靠等特点，实验证明，采用合理的复合结构，对屏蔽性能有很大提高，目前这种结构形式被大量使用。

（4）护套。

室外电缆宜用具有优良气候特性的黑色聚乙烯，室内用户电缆从美观考虑则宜采用浅色的聚乙烯。

2）同轴电缆的分类

同轴电缆根据其直径大小可以分为粗同轴电缆 RG-11 和细同轴电缆 RG-58。粗缆适用于比较大型的局部网络，它的标准距离长，可靠性高，由于安装时不需要切断电缆，因此可以根据需要灵活调整计算机的入网位置，但粗缆网络必须安装收发器电缆，安装难度大，所以总体造价高。相反，细缆安装则比较简单，造价低，但由于安装过程要切断电缆，两头须装上基本网络连接头（BNC），然后接在 T 型连接器两端，所以当接头多时容易产生不良的隐患，这是目前运行中的以太网所发生的最常见故障之一。

（1）细同轴电缆。

细缆（RG-58）的直径为 0.26 cm，最大传输距离 185 m，使用时与 50 Ω 终端电阻、T 型连接器、BNC 接头与网卡相连，线材价格和连接头成本都比较便宜，而且不需要购置集线器等设备，十分适合架设终端设备较为集中的小型以太网络。缆线总长不要超过 185 m，否则信号将严重衰减。细缆的阻抗是 50 Ω。

（2）粗同轴电缆。

粗缆（RG-11）的直径为 1.27 cm，最大传输距离达到 500 m。由于直径相当粗，因此它的弹性较差，不适合在室内狭窄的环境内架设，而且 RG-11 连接头的制作方式也相对要复杂许多，并不能直接与计算机连接，它需要通过一个转接器转成 AUI 接头，然后再接到计算机上。由于粗缆的强度较强，最大传输距离也比细缆长，因此粗缆的主要用途是扮演网络主干的角色，用来连接数个由细缆所结成的网络。粗缆的阻抗是 75 Ω。

3. 光纤/光缆选择

1）光纤的结构

光纤由纤芯、包层和涂覆层三部分组成，如图 3.3.3 所示。通信用的光纤绝大多数是用石英材料做成的横截面很小的双层同心圆柱体，外层的折射率比内层低。

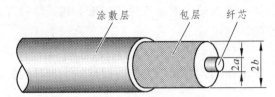

图 3.3.3　光纤结构示意图

折射率高的中心部分叫作纤芯，其折射率为 n_1，直径为 $2a = 4 \sim 50~\mu m$，材料为高纯度 SiO_2，掺有极少量的掺杂剂（GeO_2，P_2O_5），作用是提高纤芯折射率（n_1），以传输光信号。折射率低的外围部分称为包层，其折射率为 n_2，直径为 $2b=125~\mu m$，其成分也是含有极少量掺杂剂的高纯度 SiO_2。而掺杂剂（如 B_2O_3）的作用则是适当降低包层对光的折射（n_2），使之略低于纤芯的折射率，即 $n_1 > n_2$，它使得光信号封闭在纤芯中传输。

2）光缆的结构及分类

光缆由缆芯、护层和加强芯组成。缆芯由光纤的芯数决定，可分为单芯型和多芯型两种；护层主要是对已成缆的光纤芯线起保护作用，避免受外界机械力和环境损坏，护层可分为内护层（多用聚乙烯或聚氯乙烯等）和外护层（多用铝带和聚乙烯组成的 LAP 外护套加钢丝铠装等）；加强芯主要承受敷设安装时所加的外力。室外光缆的基本结构有层绞式、中心管式、骨架式三种。每种基本结构中既可放置分离光纤，亦可放置带状光纤。

（1）层绞式光缆。

层绞式光缆结构是由多根二次被覆光纤松套管（或部分填充绳）绕中心金属加强件绞合成圆形的缆芯，缆芯外先纵包复合铝带并挤上聚乙烯内护套，再纵包阻水带和双面覆膜皱纹钢（铝）带，最后加上一层聚乙烯外护层组成，层绞式光缆端面如图 3.3.4 所示。

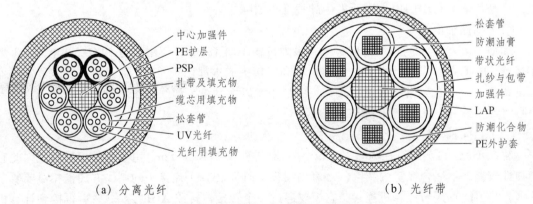

（a）分离光纤　　　　　　　　　　　　（b）光纤带

图 3.3.4　层绞式光缆端面示意图

层绞式光缆的结构特点是：光缆中容纳的光纤数量多，光缆中光纤余长易控制，光缆的机械、环境性能好，它适宜于直埋、管道敷设，也可用于架空敷设。

（2）骨架式结构光缆。

骨架式结构光缆是把紧套光纤或一次涂覆光纤放入加强芯周围的螺旋形塑料骨架凹槽内而构成，如图 3.3.5 所示。

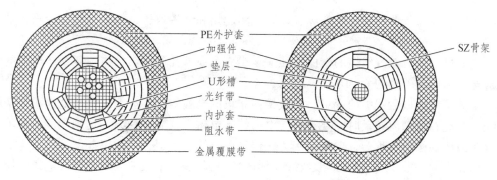

图 3.3.5　骨架式光缆端面示意图

骨架式光纤带光缆的优点是：结构紧凑、缆径小、纤芯密度大（上千芯至数千芯），接续时无须清除阻水油膏，接续效率高。缺点是：制造设备复杂（需要专用的骨架生产线）、工艺环节多、生产技术难度大等。

（3）中心管结构光缆。

由一根二次光纤松套管或螺旋形光纤松套管，无绞合直接放在缆的中心位置，纵包阻水带和双面涂塑钢（铝）带，两根平行加强圆磷化碳钢丝或玻璃钢圆棒位于聚乙烯护层中组成的，如图 3.3.6 所示。

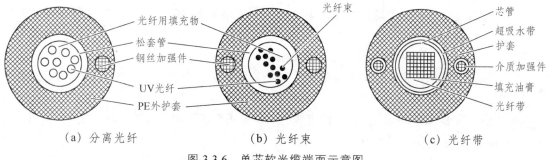

（a）分离光纤　　　　　　（b）光纤束　　　　　　（c）光纤带

图 3.3.6　单芯软光缆端面示意图

中心管式光缆的优点是：光缆结构简单、制造工艺简捷，光缆截面小、重量轻，很适宜架空敷设，也可用于管道或直埋敷设。缺点是：缆中光纤芯数不宜过多（如分离光纤为 12 芯、光纤束为 36 芯、光纤带为 216 芯），松套管挤塑工艺中松套管冷却不够，成品光缆中松套管会出现后缩，光缆中光纤余长不易控制等。

3.3.2　电缆布放技术

随着光纤光缆网络的大量建设电缆已经比较少使用，目前电缆布放技术主要应用于监控系统、可视对讲系统、门禁系统等领域。

1. 电缆布放技术规范

根据建筑与建筑群智能建筑《综合布线系统工程验收规范》（GB 50312—2007）要求，电缆布放安装过程中应遵循以下技术规范。

（1）线缆在布放过程中应平直，不得产生扭绞、打圈等现象，不应受到外力的挤压和损伤。

（2）缆线在布放前两端应贴有标签，以表明起始和终端位置，标签书写应清晰、端正和正确。

（3）非屏蔽4对双绞线缆的弯曲半径应至少为电缆外径的4倍，屏蔽双绞线电缆的弯曲半径应至少为电缆外径的6~10倍。

（4）为了考虑以后线缆的变更，在线槽内布设的电缆容量不应超过线槽截面积的70%。

（5）线缆在线槽内布设时，要注意与电力线等电磁干扰源的距离要达到规范的要求。

（6）线缆在牵引过程中，要均匀用力缓慢牵引，线缆牵引力度规定如下：一根4对双绞线电缆的拉力为100 N；二根4对双绞线电缆的拉力为150 N；三根4对双绞线电缆的拉力为200 N；不管多少根线对电缆，最大拉力不能超过400 N。

（7）缆线布放时应有冗余。在管理间、设备间对绞电缆预留长度一般为3~6 m，工作区为0.3~0.6 m，有特殊要求的应按设计要求预留长度。

2. 水平布线施工技术

建筑物内水平布线可选用明线或暗线布线方式，在决定采用哪种方法之前，应到施工现场进行比较，从中选择一种最佳的施工方案。

1）明线布线操作步骤

明线布线是水平布线中最常使用的方式之一。常用于老建筑物扩容改造或没有预埋管道的新建筑物。

第1步：根据建筑物的结构或建筑图纸确定布线路由。

第2步：沿着布线路由方向安装线槽，线槽安装要讲究直线美观，也可以不装线槽直接用卡丁固定。

第3步：线槽每隔50 cm要安装固定螺钉，如采用卡丁固定，每隔50 cm安装一个卡丁，并不再需要操作第4步和第5步。

第4步：布放线缆时，线槽内的线缆容量不超过线槽截面积的70%。

第5步：布放线缆的同时盖上线槽的塑料槽盖。

2）暗线布线操作步骤

第1步：要向用户索要建筑物的图纸，并现场勘察，了解建筑物内水、电、气管路的布局和走向，然后详细绘制布线图纸，确定布线施工方案。

第2步：将合适长度的牵引线从离配线间最远的一端开始，将牵引线沿着暗管至末端，注意要分段牵引。

第3步：将多条线缆聚集成一束，并使它们的末端对齐，再用电工胶带紧绕在线缆束外面。

第4步：人工或机器牵引拉绳，将电缆从线箱或线轴中拉出并经过暗管牵引到配线间。

第5步：电缆从信息插座布放到配线间并预留足够的长度后，从线缆箱一端切断电缆，然后在电缆末端上贴上标签并标注上与线缆箱相同的标注信息。

3. 垂直布线施工技术

垂直干线是建筑物的主要线缆，它为从设备间到每层楼上的管理间之间传输信号提供通路。在新的建筑物中，通常利用竖井通道敷设垂直干线。在竖井中敷设垂直干线一般有两种方式：向下垂放电缆和向上牵引电缆。相比较而言，向下垂放比向上牵引容易。

1）向下垂放电缆操作步骤

第1步：首先把线缆卷轴搬放到建筑物的最高层。

第2步：在离楼层的垂直孔洞处 3～4 m 处安装好线缆卷轴，并从卷轴顶部馈线。

第3步：在线缆卷轴处安排所需的布线施工人员，每层上要安排一个工人以便引寻下垂的线缆。

第4步：开始旋转卷轴，将线缆从卷轴上拉出。

第5步：将拉出的线缆引导进竖井中的孔洞。

第6步：慢慢地从卷轴上放缆并进入孔洞向下垂放，注意不要快速地放缆。

第7步：继续向下垂放线缆，直到下一层布线工人能将线缆引到下一个孔洞。

第8步：按前面的步骤，继续慢慢地向下垂放线缆，并将线缆引入各层的孔洞。

2）向上牵引电缆操作步骤

第1步：先往绞车上穿一条拉绳。

第2步：启动绞车，并往下垂放一条拉绳，拉绳向下垂放直到安放线缆的底层。

第3步：将线缆与拉绳牢固地绑扎在一起。

第4步：启动绞车，慢慢地将线缆通过各层的孔洞向上牵引。

第5步：线缆的末端到达顶层时，停止绞车。

第6步：在地板孔边沿上用夹具将线缆固定好。

第7步：当所有连接制作好之后，从绞车上释放线缆的末端。

3.3.3 光缆布放技术

1. 入户光缆布放技术规范

根据建筑与建筑群智能建筑《综合布线系统工程验收规范》（GB 50312—2007）要求，光缆布放安装过程中应遵循以下技术规范。

（1）入户光缆敷设前应考虑用户住宅建筑物的类型、环境条件和已有线缆的敷设路由，同时需要对施工的经济性、安全性以及将来维护的便捷性和用户满意度进行综合判断。

（2）应尽量利用已有的入户暗管敷设入户光缆，对无暗管入户或入户暗管不可利用的住宅楼宜通过在楼内布放波纹管方式敷设蝶形引入光缆。

（3）对于建有垂直布线桥架的住宅楼，宜在桥架内安装波纹管和楼层过路盒，用于穿放蝶形引入光缆。如桥架内无空间安装波纹管，则应采用缠绕管对敷设在内的蝶形引入光缆进行包扎，以起到对光缆的保护作用。

（4）由于蝶形引入光缆不能长期浸泡在水中，因此一般不适宜直接在地下管道中敷设。

（5）敷设蝶形引入光缆的最小弯曲半径应符合：敷设过程中不应小于 30 mm；固定后不应小于 15 mm。

（6）一般情况下，蝶形引入光缆敷设时的牵引力不宜超过光缆允许张力的 80%；瞬间最大牵引力不得超过光缆允许张力的100%，且主要牵引力应加在光缆的加强构件上。

（7）应使用光缆盘携带蝶形引入光缆，并在敷设光缆时使用放缆托架，使光缆盘能自动转动，以防止光缆被缠绕。

（8）在光缆敷设过程中，应严格注意光纤的拉伸强度、弯曲半径，避免光纤被缠绕、扭转、损伤和踩踏。

（9）在入户光缆敷设过程中，如发现可疑情况，应及时对光缆进行检测，确认光纤是否良好。

（10）蝶形引入光缆敷设入户后，光缆分纤箱或光分路箱一侧预留 1.0 m，住户家庭信息配线箱或光纤面板插座一侧预留 0.5 m。

（11）应尽量在干净的环境中制作光纤机械接续连接插头，并保持手指的清洁。

（12）入户光缆敷设完毕后应使用光源、光功率计对其进行测试，入户光缆段在 1310 nm、1490 nm 波长的光衰减值均应小于 1.5 dB，如入户光缆段光衰减值大于 1.5 dB，应对其进行修补，修补后还未得到改善的，需重新制作光纤机械接续连接插头或者重新敷设光缆。

（13）入户光缆施工结束后，需用户签署完工确认单，并在确认单上记录入户光缆段的光衰减测定值，供日后维护参考。

2. 室内光缆布放技术

1）墙体开孔与光缆穿孔保护

第1步：根据入户光缆的敷设路由，确定其穿越墙体的位置。一般宜选用已有的弱电墙孔穿放光缆，对于没有现成墙孔的建筑物应尽量选择在隐蔽且无障碍物的位置开启过墙孔。

第2步：判断需穿放蝶形引入光缆的数量（根据住户数），选择墙体开孔的尺寸，一般直径为 10 mm 的孔可穿放 2 条蝶形引入光缆。

第3步：根据墙体开孔处的材质与开孔尺寸选取开孔工具（电钻或冲击钻）以及钻头的规格。

第4步：为防止雨水的灌入，应从内墙面向外墙面倾斜10°进行钻孔，如图3.3.7所示。

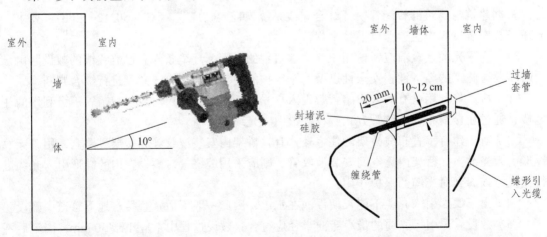

图 3.3.7　墙体开孔方式　　　　　图 3.3.8　蝶形引入光缆穿墙保护方式

第5步：墙体开孔后，为了确保钻孔处的美观，内墙面应在墙孔内套入过墙套管或在墙孔口处安装墙面装饰盖板。

第6步：如所开的墙孔比预计的要大，可用水泥进行修复，应尽量做到洞口处的美观，如图3.3.8所示。

第7步：将蝶形引入光缆穿放过孔，并用缠绕管包扎穿越墙孔处的光缆，以防止光缆裂化。

第8步：光缆穿越墙孔后，应采用封堵泥、硅胶等填充物封堵外墙面，以防雨水渗入或虫类爬入。

第9步：蝶形引入光缆穿越墙体的两端应留有一定的弧度，以保证光缆的弯曲半径。

2）明线布放

（1）卡钉固定布缆。

第1步：选择光缆钉固路由，一般光缆宜钉固在隐蔽且人手较难触及的墙面上，卡钉扣间距50 cm。在室内钉固蝶形引入光缆应采用卡钉扣，如图3.3.9所示；在室外钉固自承式蝶形引入光缆应采用螺钉扣，如图3.3.10所示。

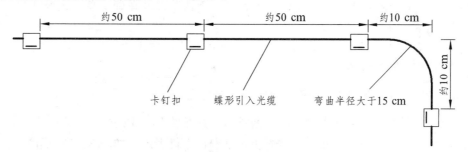

图3.3.9　卡钉扣固定方式

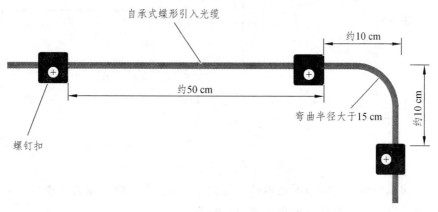

图3.3.10　螺钉扣固定方式

第2步：在安装钉固件的同时可将光缆固定在钉固件内，由于卡钉扣和螺钉扣都是通过夹住光缆外护套进行固定的，因此在施工中应注意一边目视检查，一边进行光缆的固定，必须确保光缆无扭曲，且钉固件无挤压光缆。

第3步：在墙角的弯角处，光缆须留有一定的弧度，从而保证光缆的弯曲半径，并用套管进行保护。严禁将光缆贴住墙面沿直角弯转弯。

第4步：采用钉固布缆方法布放光缆时需特别注意光缆的弯曲、绞结、扭曲、损伤等现象。

第5步：光缆布放完毕后，需全程目视检查光缆，确保光缆上没有外力的产生。

（2）线槽布缆。

第1步：直线槽可按照房屋轮廓水平方向沿踢脚线布放，转弯处使用阳角、阴角或弯角。跨越障碍物时使用线槽软管。

第2步：采用双面胶粘贴方式时，应用布擦拭线槽布放路由上的墙面，使墙面上没有灰尘和垃圾，然后将双面胶贴在线槽及其配件上，并粘贴固定在墙面上，如图3.3.11所示。当直线敷设距离较长时，每隔1.5~2 m需用螺钉固定1次。

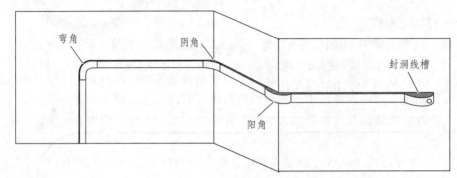

图 3.3.11　双面胶粘贴方式

第3步：采用螺钉固定方式时，应根据线槽及其配件上标注的螺钉固定位置，将线槽及其配件固定在墙面上，一般1 m直线槽需用3个螺钉进行固定，如图3.3.12所示。

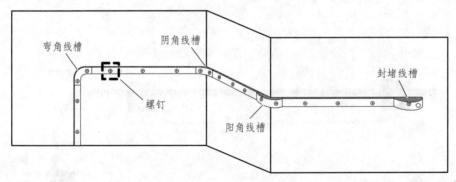

图 3.3.12　螺钉固定方式

第4步：根据现场的实际情况对线槽及其配件进行组合，在切割直线槽时，由于线槽盖和底槽是配对的，一般不宜分别处理线槽盖和底槽。

第5步：把蝶形光缆布放入线槽，关闭线槽盖时应注意不要夹伤蝶形光缆。

第6步：线槽布放应横平竖直，安装牢固，各个器件之间应安装严实、密缝。

（3）波纹管布缆。

第1步：选择波纹管布放路由，波纹管应尽量安装在人手无法触及的地方，且不要设置在有损美观的位置，一般宜采用外径不小于25 mm的波纹管。

第2步：确定过路盒的安装位置，在住宅单元的入户口处以及水平、垂直管的交叉处设置过路盒；当水平波纹管直线段长超过 30 m 或段长超过 15 m 并且有 2 个以上的 90°弯角时，应设置过路盒，如图 3.3.13 所示。

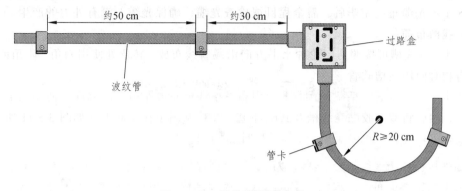

图 3.3.13 波纹管固定方式

第 3 步：安装管卡并固定波纹管，在路由的拐角或建筑物的凹凸处，波纹管需保持一定的弧度后安装固定，以确保蝶形引入光缆的弯曲半径符合要求，便于光缆的穿放。

第 4 步：在波纹管内穿放蝶形引入光缆（在距离较长的波纹管内穿放光缆时可使用穿管器）。

第 5 步：连续穿越两个直线过路盒或通过过路盒转弯以及在入户点牵引蝶形引入光缆时，应把光缆抽出过路盒后再行穿放。

第 6 步：过路盒内的蝶形引入光缆不需留有余长，只要满足光缆的弯曲半径即可。光缆穿通后，应确认过路盒内的光缆没有被挤压，特别要注意通过过路盒转弯处的光缆。

第 7 步：关闭各个过路盒的盖子。

3）暗线布放

第 1 步：根据设备（光分路器、ONU）的安装位置，以及入户暗管和户内管的实际布放情况，查找、确定入户管孔的具体位置。

第 2 步：先尝试把蝶形引入光缆直接穿放入暗管，如能穿通，即穿缆工作结束，至步骤 8。

第 3 步：无法直接穿缆时，应使用穿管器。如穿管器在穿放过程中阻力较大，可在管孔内倒入适量的润滑剂或者在穿管器上直接涂上润滑剂，再次尝试把穿管器穿入管孔内，如能穿通，至步骤 6。

第 4 步：如在某一端使用穿管器不能穿通的情况下，可从另一端再次进行穿放，如还不能成功，应在穿管器上做好标记，将牵引线抽出，确认堵塞位置，向用户报告情况，重新确定布缆方式。

第 5 步：当穿管器顺利穿通管孔后，把穿线器的一端与蝶形引入光缆连接起来，制作合格的光缆牵引端头（穿管器牵引线的端部和光缆端部相互缠绕 20 cm，并用绝缘胶带包扎，但不要包得太厚），如在同一管孔中敷设有其他线缆，宜使用润滑剂，以防止损伤其他线缆。

第 6 步：将蝶形引入光缆牵引入管时的配合是很重要的，应由两人进行作业，双方必须相互间喊话，例如牵引开始的信号、牵引时的相互间口令、牵引的速度以及光缆的状态等。由于牵引端的作业人员看不到放缆端的作业人员，所以不能勉强硬拉光缆。

第 7 步：将蝶形引入光缆牵引出管孔后，应分别用手和眼睛确认光缆引出段上是否有凹陷或损伤，如果有损伤，则放弃穿管的施工方式。

第 8 步：确认光缆引出的长度，剪断光缆。注意千万不能剪得过短，必须预留用于制作光纤机械接续连接插头的长度。

学习单元 3.4　线缆端接技术

【单元引入】

线缆端接又称为线缆接续、线缆成端，是将两段同类线缆通过不同的方法连接在一起的技术。智能建筑综合布线工程中常用的有双绞线端接技术、同轴电缆端接技术、光纤光缆端接技术等。

3.4.1　双绞线端接技术

1. 双绞线跳线、信息模块、信息插座、配线架选择

1）双绞线连接器

双绞线连接器是一种透明的塑料接插件，因为其看起来像透明的水晶，所以又称作水晶头。根据它的用途不同，连接网线的是 RJ-45 连接器，连接电话线的是 RJ-11 连接器，如图3.4.1 所示。

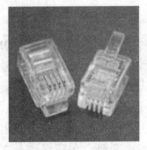

（a）RJ-45 连接器（网线）　　　　　（b）RJ-11 连接器（电话线）

图 3.4.1　双绞线连接器

新买来的 RJ-45 插头（还未连接双绞线时）的头部有 8 片平行的带"V"字形刀口的铜片并排放置，"V"字头的两尖锐处是较锋利的刀口。

2）EIA/TIA-568 标准

EIA/TIA-568 是由美国电子工业协会（EIA）和美国电信工业协会（TIA）共同制定的布线标准。该标准分为 EIA/TIA T568A 和 EIA/TIA T568B 两种，用于确定 RJ-45 插座/连接头中的导线排列次序，如表 3.4.1 所示。在国内，EIA/TIA T568B 配线图被认为是首选的配线图，EIA/TIA T568A 为可选配线图，主要用于交叉双绞线的制作。

表 3.4.1　EIA/TIA T568A 和 EIA/TIA T568B 线序

EIA/TIA568A 标准			EIA/TIA568B 标准		
引脚顺序	连接信号	排列顺序	引脚顺序	连接信号	排列顺序
1	Tx+（发送）	白绿	1	Tx+（发送）	白橙
2	Tx-（发送）	绿	2	Tx-（发送）	橙
3	Rx+（接收）	白橙	3	Rx+（接收）	白绿
4	未定义	蓝	4	未定义	蓝
5	未定义	白蓝	5	未定义	白蓝
6	Rx-（接收）	橙	6	Rx-（接收）	绿
7	未定义	白棕	7	未定义	白棕
8	未定义	棕	8	未定义	棕

在一个智能建筑综合布线工程中，可采用任何一种标准，但所有的布线设备及布线施工必须采用同一标准。

3）双绞线跳线的类型

（1）直通线。

两端水晶头的线序排列完全相同的跳线称为直通线，我国直通线通常采用 T568B 标准制作，如表 3.4.2 所示，适用于两个不同类型的设备互联，如计算机与交换机、计算机与集线器等。

表 3.4.2　直通线线序

引脚	1	2	3	4	5	6	7	8
端 1（T568B）	白橙	橙	白绿	蓝	白蓝	绿	白棕	棕
端 2（T568B）	白橙	橙	白绿	蓝	白蓝	绿	白棕	棕

当一根网线接到网卡上时，其实网卡并没有用到网线内的所有 4 对线（8 根），它只用了 2 对线，即 1 和 2（橙色线对），3 和 6（绿色线对）四根线，其中 1、2 引脚用于发送数据（Tx+，Tx−），3、6 引脚用于接收数据（Rx+，Rx−）。

直通线网卡到交换机（集线器）接口的电气定义如图 3.4.2 所示。通常电信号要一个正极性和一个负极性组成一个闭合回路信号才能通信，即 Tx+（正发）→Rx+（正收）和 Tx−（负发）←Rx−（负收）。

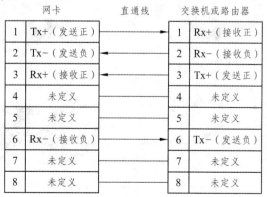

图 3.4.2　直通双绞线接线图

（2）交叉线。

两端水晶头的线序排列完全不相同的跳线称为交叉线，即一端采用 T568A 标准，另一端则采用 T568B 标准，如表 3.4.3 所示，适用于两个同类型的设备互联，如计算机至计算机等。

表 3.4.3　交叉线线序

引脚	1	2	3	4	5	6	7	8
端 1（T568B）	白橙	橙	白绿	蓝	白蓝	绿	白棕	棕
端 2（T568A）	白绿	绿	白橙	蓝	白蓝	橙	白棕	棕

交叉线网卡到网卡接口的电气定义如图 3.4.3 所示。交叉线原理同上，只是 1 和 2 使用绿色线对，3 和 6 使用橙色线对。

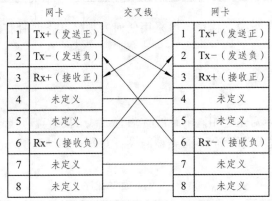

图 3.4.3　交叉双绞线接线图

4）信息模块

信息模块用于电缆的端接或终结。按照屏蔽类型的不同可以分为屏蔽和非屏蔽信息模块；按照传输速率的不同可以分为五类、超五类、六类、超六类信息模块；按照业务类型的不同可以分为语音、数据和光纤信息模块；按照线位数的不同可以分为四线位模块、六线位模块和八线位模块，其中四线位或六线位模块用于语音通信，八线位模块用于数据通信；按照是否需要使用打线工具可分为打线式信息模块和免打线式信息模块，实物如图 3.4.4 所示。

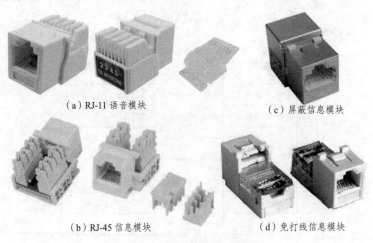

（a）RJ-11 语音模块　　　　　　　　　　（c）屏蔽信息模块

（b）RJ-45 信息模块　　　　　　　　　　（d）免打线信息模块

图 3.4.4　信息模块实物图

5）信息插座

信息插座的外形类似于电源插座，而且和电源插座一样也是固定于墙壁上的，其作用是为终端设备提供一个信息接口。信息插座通常由信息模块（包括语音模块、数据模块、电视模块和光纤模块等）、面板和底座组成。信息插座所使用的面板的不同决定着信息插座所适用的环境，而信息模块所遵循的通信标准决定着信息插座的适用范围。根据信息插座所使用的面板的不同，信息插座可以分为墙上型、桌上型和地上型三类。

（1）墙上型。墙上型插座多为内嵌式插座，适用于与主体建筑同时完成的布线工程，主要安装于墙壁内或护壁板中，信息插座面板的类型可以分为单口、双口、四口、语音、电视、电源和信息等多种类型，实物如图 3.4.5 所示。

（a）单口信息插座面板

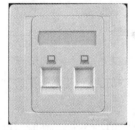
（b）双口信息插座面板

（c）四口信息插座面板

（d）语音信息插座

（e）电视信息插座

（f）电源插座

图 3.4.5　信息插座面板

常见的底盒，根据外形尺寸可以分为三种，86 型、120 型、118 型，其中信息插座常用的是 86 型底盒。86 型底盒一般为 86 mm × 86 mm 正方形，底盒基本上都是一样的，面板因不同品牌和不同的型号各有不同，但都可以装在同一规格的 86 盒里，实物如图 3.4.6 所示。

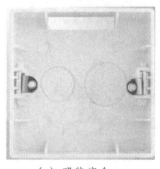
（a）明装底盒

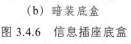
（b）暗装底盒

（c）金属底盒

图 3.4.6　信息插座底盒

墙上型插座面板一般为塑料制造，只适合在墙面安装，每只售价在 5~20 元，具有防尘功能，使用时打开防尘盖，不使用时，防尘盖自动关闭。

（2）地上型。地上型插座也为内嵌式插座，大多为铜制，而且具有防水的功能，可以根据实际需要随时打开使用，主要适用于地面或架空地板，如图 3.4.7 所示。地上型插座一般为黄铜制造，只适合在地面安装，每只售价在 100~200 元，地弹插座面板一般都具有防水、防尘、抗压功能，使用时打开盖板，不使用时，盖好盖板与地面高度相同。

图 3.4.7　地上型信息插座　　　　图 3.4.8　桌上型信息插座

（3）桌上型。桌上型插座适用于主体建筑完成后进行的网络布线工程，一般既可以安装于墙壁，也可以直接固定在桌面上，如图 3.4.8 所示。桌面型面板一般为塑料制造，适合安装在桌面或者台面，在智能建筑综合布线系统设计中很少应用。

6）配线架选择

（1）语音配线架。

语音配线架又叫 110 配线架，需要和 110C 连接块配合使用。用于端接配线电缆或干线电缆，并通过跳线连接水平子系统和干线子系统。110 配线架有 25 对、50 对、100 对、300 对多种规格，实物如图 3.4.9 所示。

110 配线架是由高分子合成阻燃材料压模而成的塑料件，它的上面装有若干齿形条，每行最多可端接 25 对线。双绞线电缆的每根线放入齿形条的槽缝里，利用冲压工具就可以把线压入 110C 连接块上。

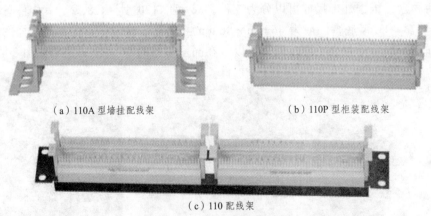

（a）110A 型墙挂配线架　　　　　　　　（b）110P 型柜装配线架

（c）110 配线架

图 3.4.9　110 配线架实物图

110C 连接块是一个单层耐火的塑料模密封器，内含熔锡快速接线夹子，当连接块被推入配线架的齿形条时，这些夹子就切开连线的绝缘层并建立起连接。连接块的顶部用于交叉连接，顶部的连线通过连接块与齿形条内的连线相连，110C 连接块有 3 对线（110C-3）、4 对线（110C-4）和 5 对线（110C-5）三种规格，如图 3.4.10 所示。

（a）4 对线　　　　（b）5 对线

图 3.4.10　常用 4 对线和 5 对线 110C 连接块

（2）数据配线架。

数据配线架又称 RJ-45 模块化配线架，用于端接水平电缆和通过跳线连接交换机等网络设备，如图 3.4.11 所示。

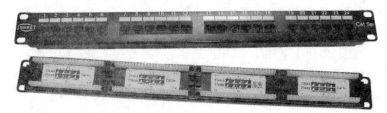

图 3.4.11　24 口数据配线架

模块配线架通常放置在布线配线系统中的接线间中，配置有若干个 RJ-45 插座模块，比如 24 端口配线架或 48 端口配线架，它们分别表示带有 24 个或 48 个 RJ-45 插座模块。

2. 双绞线跳线的端接

1）器材与工具

根据双绞线跳线端接要求准备好 5 类或超 5 类或 6 类 UTP 双绞线、RJ-45 插头或 RJ-11 插头（水晶头）、一把专用的压线钳。

2）操作步骤

第 1 步：剥线。用双绞线剥线器将双绞线塑料外皮剥去 2 ~ 3 cm，如图 3.4.12 所示。一般双绞线内部有一条柔软的尼龙绳，用于撕剥外皮，如果剥离部分太短，则不利于制作 RJ-45 接头，此时可以利用撕剥线撕开外皮。剥去外皮的双绞线如图 3.4.13 所示。

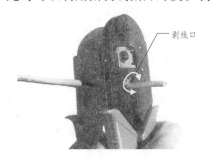

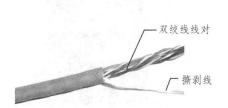

图 3.4.12　剥离外皮　　　　　　图 3.4.13　双绞线内部芯线

第 2 步：排线。将露出的双绞线线对按照橙、绿、蓝、棕的顺序从左至右排列，如图 3.4.14 所示。将各个双绞线线对分开，白色的导线均位于左侧，如图 3.4.15 所示。

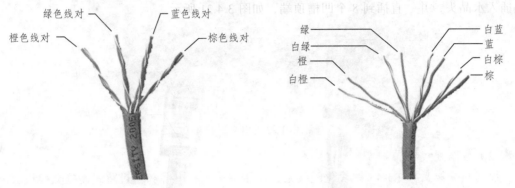

图 3.4.14　线对排序　　　　　　　　　　图 3.4.15　拆分双绞线线对

第 3 步：理线。将绿色导线（左起第 4 根）和蓝色导线（左起第 6 根）对调，其余导线保持相对位置不变。此时导线的左起顺序为白橙/橙/白绿/蓝/白蓝/绿/白棕/棕，如图 3.4.16 和图 3.4.17 所示。

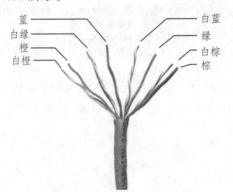

图 3.4.16　对调后的线序　　　　　　　　图 3.4.17　整理导线

第 4 步：剪齐。用压线钳的切口将 8 根导线整齐地剪断，如图 3.4.18 所示。注意留下的长度要合适，一般为 1～1.5 cm。不太熟练时可以拿 RJ-45 连接头比对一下，以确定剪切位置，如图 3.4.19 所示。

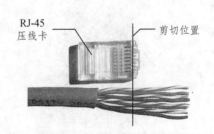

图 3.4.18　剪齐导线　　　　　　　　　　图 3.4.19　比对剪切长度

第 5 步：插入。一手以拇指和中指捏住水晶头，并用食指抵住，水晶头的方向是金属引脚朝上、弹片朝下，如图 3.4.20 所示。另一只手捏住双绞线，用力缓缓将双绞线 8 条导线依序插入水晶头，并一直插到 8 个凹槽顶端，如图 3.4.21 所示。

铜片触点向上
并面对自己

白橙导线
（第1根）

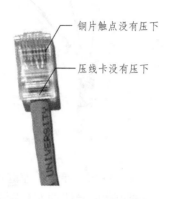

铜片触点没有压下

压线卡没有压下

图 3.4.20 准备插入连接头　　　　图 3.4.21 已经插入连接头

第 6 步：检查。检查水晶头正面，查看线序是否正确；检查水晶头顶部，查看 8 根线芯是否都顶到顶部。

第 7 步：压接。确认无误后，将 RJ-45 水晶头推入压线钳夹槽后，用力握紧压线钳，将突出在外面的针脚全部压入 RJ-45 水晶头内，RJ-45 水晶头连接完成，如图 3.4.22 和 3.4.23 所示。

插到底并适
当用力压制

铜片被压下，接触导线

压线卡压下，卡住导线外皮

图 3.4.22 压制 RJ-45 连接头　　　　图 3.4.23 制作完毕的 RJ-45 连接头

3）双绞线测试

在双绞线制作完成后，一般需要使用专门的双绞线测试仪来判断双绞线的连通性。连通性测试仪采用 8 根双绞线逐根自动扫描方式，快速测试 STP/UTP 双绞线的连通性，该测试仪也可以测试同轴电缆的连通性。

第 1 步：把双绞线两端的连接头分别插入主测试端和远程测试端的 RJ-45 接口（即双绞线测试口 A 和双绞线测试口 B）。

第 2 步：将主测试端开关拨至 ON 挡或慢速 S 挡。

第 3 步：观察主测试端和远程测试端测试指示灯。如果是测试直通双绞线，则主测试端和远程测试端测试指示灯为 1-2-3-4-5-6-7-8-G 逐个闪亮，若某一灯不亮则表示对应的导线不通。如果是测试交叉双绞线，则主测试端测试指示灯依然为 1-2-3-4-5-6-7-8-G 逐个闪亮，而远程测试端测试指示灯的闪亮顺序为 3-6-1-4-5-2-7-8-G，若某一灯不亮，则表示对应的导线不通。

3. 信息模块端接

1）器材与工具

信息模块端接要求准备好信息模块、信息插座、打线器、压线钳和连通性测试仪等器材与工具，如图 3.4.24 所示。

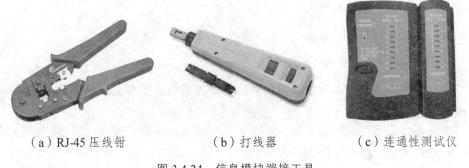

（a）RJ-45 压线钳　　　　　（b）打线器　　　　　（c）连通性测试仪

图 3.4.24　信息模块端接工具

2）信息模块端接操作步骤

各厂家的信息模块结构有所差异，因此具体的模块压接方法各不相同，本任务以安普或 TCL 信息模块压接为例介绍信息模块端接的具体操作步骤，其他厂家的产品参考厂家说明资料即可。

第 1 步：使用剥线工具，在距线缆末端 5 cm 处剥除线缆的外皮，如图 3.4.25 所示。

第 2 步：将各线对分别按色标顺序压入模块的各个槽位内，如图 3.4.26 所示。

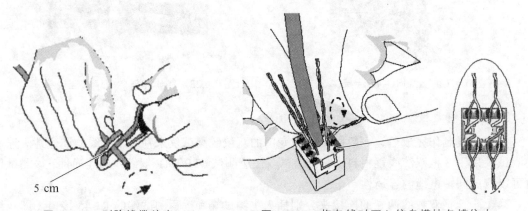

5 cm

图 3.4.25　剥除线缆外皮　　　　　图 3.4.26　将各线对压入信息模块各槽位内

第 3 步：使用打线工具加固各线对与插槽的连接，如图 3.4.27 所示。

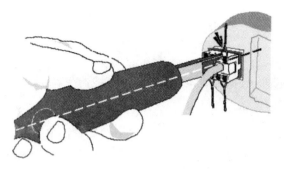

图 3.4.27　使用打线工具加固线对与插槽的连接

3）信息插座操作步骤

模块端接完成后，接下来就要安装到信息插座内，以便工作区内终端设备的使用。各厂家信息插座安装方法有相似性，具体可以参考厂家说明资料即可。

第 1 步：将已端接好的信息模块卡接在插座面板槽位内，如图 3.4.28 所示。

第 2 步：将已卡接了信息模块的面板与暗埋在墙内的底盒结合在一起，如图 3.4.29 所示。

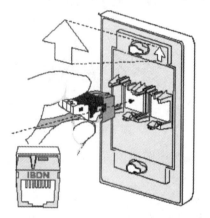

图 3.4.28　模块卡接到面板插槽内

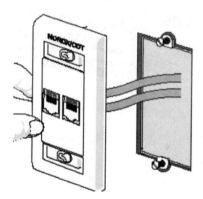

图 3.4.29　面板与底盒结合在一起

第 3 步：用螺丝将插座面板固定在底盒上，如图 3.4.30 所示。

第 4 步：在插座面板上安装标签条，如图 3.4.31 所示。

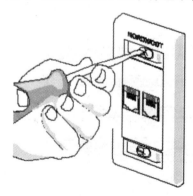

图 3.4.30　用螺丝固定插座面板

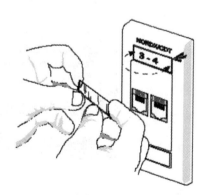

图 3.4.31　在插座面板上安装标签条

4. 配线架端接

1）器材与工具

需要准备语音配线架、数据配线架、压线钳、打线器、双绞线和相关模块等器材与工具。

2）语音配线架操作步骤

第1步：将配线架固定到机柜合适位置，在配线架背面安装理线环。

第2步：从机柜进线处开始整理电缆，电缆沿机柜两侧整理至理线环处，使用绑扎带固定好电缆，一般6根电缆作为一组进行绑扎，将电缆穿过理线环摆放至配线架处，如图3.4.32和3.4.33所示。

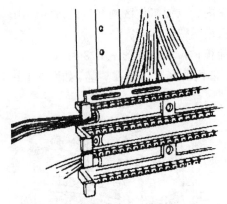
图 3.4.32 整理线缆，剥去线缆外皮

图 3.4.33 压紧线对

第3步：根据每根电缆连接接口的位置，测量端接电缆应预留的长度（大约25 cm），然后使用压线钳、剪刀、斜口钳等工具剪断电缆。

第4步：根据电缆色谱排列顺序，将对应颜色的线对逐一压入槽内，然后使用110打线工具固定线对连接，同时将伸出槽位外多余的导线截断（注意：刀要与配线架垂直，刀口向外），完成后的效果如图3.4.34所示。

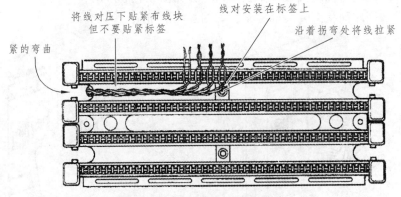
图 3.4.34 110型配线架的端接

第5步：准备5对打线工具和110连接块，将连接块放入5对打线工具中，把连接块垂直压入槽内，并贴上编号标签，注意连接端子的组合是：在25对的110配线架基座上安装时，

应选择 5 个 4 对连接块和 1 个 5 对连接块，或 7 个 3 对连接块和 1 个 4 对连接块。从左到右完成白区、红区、黑区、黄区和紫区的安装。完成后如图 3.4.35 所示。

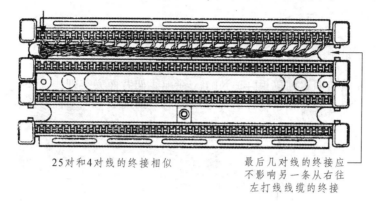

25对和4对线的终接相似

最后几对线的终接应
不影响另一条从右往
左打线线缆的终接

图 3.4.35　110 型配线架的端接完成

3）数据配线架端接

第 1 步：将配线架固定到机柜合适位置，在配线架背面安装理线环。

第 2 步：从机柜进线处开始整理电缆，电缆沿机柜两侧整理至理线环处，使用绑扎带固定好电缆，一般 6 根电缆作为一组进行绑扎，将电缆穿过理线环摆放至配线架处。

第 3 步：根据每根电缆连接接口的位置，测量端接电缆应预留的长度，然后使用压线钳、剪刀、斜口钳等工具剪断电缆。

第 4 步：根据选定的接线标准，将 T568A 或 T568B 标签压入模块组插槽内。

第 5 步：根据标签色标排列顺序，将对应颜色的线对逐一压入槽内，然后使用打线工具固定线对连接，同时将伸出槽位外多余的导线截断，如图 3.4.36 所示。

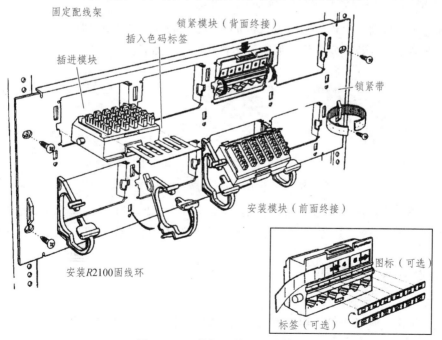

固定配线架

锁紧模块（背面终接）

插入色码标签

插进模块

锁紧带

安装模块（前面终接）

安装R2100固线环

图标（可选）

标签（可选）

图 3.4.36　数据配线架的端接

第 6 步：将每组线缆压入槽位内，然后整理并绑扎固定线缆，如图 3.4.37 所示，固定式配线架安装完毕。

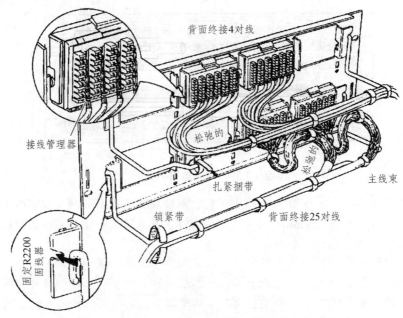

背面终接4对线

接线管理器

松弛的

松弛的

主线束

扎紧捆带

锁紧带

背面终接25对线

固定R2200固定线器

图 3.4.37　数据配线架的端接

3.4.2　同轴电缆端接技术

1. 同轴电缆连接器（BNC 连接器）

同轴电缆连接器，也称为 BNC（Bayonet Nut Connector）连接器，为卡口形式，传送距离长、信号稳定、安装方便且价格低廉，实物如图 3.4.38 所示。

图 3.4.38　同轴电缆连接器（BNC 连接器）

目前它还被大量用于通信系统中，如网络设备中的 E1 接口（2M 接口）就是用两根 BNC 接头的同轴电缆来连接的，在高档的监视器、音响设备中也经常用来传送音频、视频信号。

2. 同轴电缆连接器端接

1）器材与工具

根据同轴电缆连接器端接要求准备好斜口钳、剥线钳、六角压线钳、烙铁、焊锡等器材与工具。

2）操作步骤

第 1 步：剥线。使用剥线钳将线缆绝缘外层剥去，如图 3.4.39 所示。

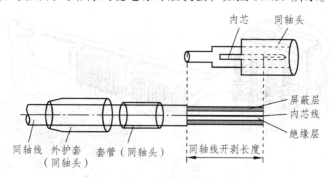

图 3.4.39　同轴电缆的开剥

第 2 步：焊接芯线。依次套入电缆头尾套，压接套管，将屏蔽网（编织线）往后翻开，剥开内绝缘层，露出芯线 2.5 mm，将芯线（内导体）插入接头，注意芯线必须插入接头的内开孔槽中，最后上锡，如图 3.4.40 所示。

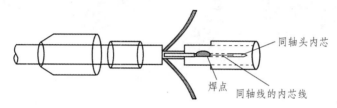

图 3.4.40　同轴电缆的焊接

第 3 步：装配 BNC 接头。连接好芯线后，先将屏蔽金属套筒套入同轴电缆，再将芯线插针从 BNC 接头本体尾部孔中向前插入，使芯线插针从前端向外伸出，最后将金属套筒前推，使套筒将外层金属屏蔽线卡在 BNC 接头本体尾部的圆柱体，如图 3.4.41 所示。

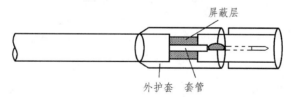

图 3.4.41　同轴电缆屏蔽层安装

第 4 步：压线。将屏蔽网修剪齐，余约 6.0 mm，然后将压接套管及屏蔽网一起推入接头尾部，用六角压线钳压紧套管，最后将芯线焊牢。

3.4.3　光纤光缆端接技术

1. 光纤连接器、配线架选择

1）光纤连接器

光纤连接器，俗称活动接头，主要用于实现系统中设备与设备、设备与仪表、设备与光纤及光纤与光纤的非永久性固定连接等。

（1）光纤连接器结构。

光纤连接器由三个部分组成的：两个配合插头和一个耦合器（珐琅盘）。两个插头装进两根光纤尾端，耦合管起对准套管的作用，如图 3.4.42 所示。

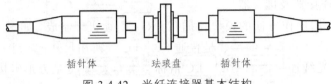

插针体　　　珐琅盘　　　插针体

图 3.4.42　光纤连接器基本结构

（2）光纤连接器及耦合器（珐琅盘）分类。

光纤连接器及耦合器按连接头结构形式可分为 FC、SC、LC、ST 等多种形式，如图 3.4.43 所示。

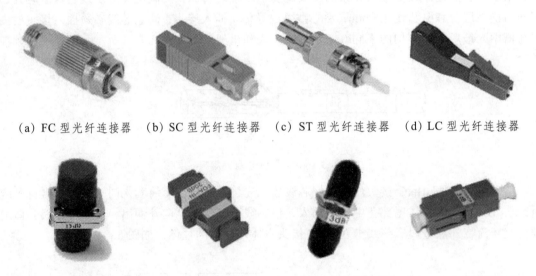

（a）FC 型光纤连接器　（b）SC 型光纤连接器　（c）ST 型光纤连接器　（d）LC 型光纤连接器

（e）FC 型光纤耦合器　（f）SC 型光纤耦合器　（g）ST 型光纤耦合器　（h）LC 型光纤耦合器

图 3.4.43　光纤连接器分类

① FC 型光纤连接器及耦合器。

FC 使用的是外部加强方式，采用金属套，紧固方式为螺丝扣，因此可简称为"螺口"，如图 3.4.43（a）和（e）所示。FC 类型连接器采用的陶瓷插针是对接端面呈球面的插针(PC)。FC 型光纤连接器多用在光纤终端盒或光纤配线架上，在实际工程中用在光纤终端盒最常见。

② SC 型光纤连接器及耦合器。

SC 型光纤连接器是一种插拔销闩式的连接器，只要直接插拔就可以对接，外壳呈矩形，因此我们可以称为"方口"，如图 3.4.43（b）和（f）所示。所采用的插针与耦合套筒的结构尺寸与 FC 型完全相同，其中插针的端面多采用 PC 或 APC 型研磨方式。此类连接器价格低廉，插拔操作方便，介入损耗波动小，抗压强度较高，安装密度高。光纤连接器插针的端面主要有 FC 为平面的插针、PC 为球面的插针、APC 为端面带倾斜角的三种。

③ ST 型光纤连接器及耦合器。

ST 光纤连接器有一个卡销式金属圆环以便与匹配的耦合器连接，上有一个卡槽，直接将插孔的 key 卡进卡槽并旋转即可，因此我们也可以称为"卡口"，如图 3.4.43（c）和（g）所示。该连接器用途就是专网设备（电力，广电等）接头。

④ LC 型光纤连接器及耦合器。

LC 型连接器采用操作方便的模块化插孔（RJ）闩锁机理制成，如图 3.4.43（d）和（h）所示。其所采用的插针和套筒的尺寸是普通 SC、FC 等所用尺寸的一半，为 1.25 mm，提高了光纤配线架中光纤连接器的密度。LC 俗称"小方头"，也是方形卡接头，一般用于设备出纤。

2）光纤配线架

光纤配线架（ODF 配线架）是光传输系统中一个重要的配套设备，它主要用于光缆终端的光纤熔接、光连接器安装、光路的调接、多余尾纤的存储及光缆的保护等，它对于光纤通信网络安全运行和灵活使用有着重要的作用。

依据光纤配线架结构的不同，可分为壁挂式和机架式，如图 3.4.44 所示。壁挂式光纤配线架可直接固定在墙体上，一般为箱体结构，适用于光缆条数和光纤芯数都较少的场所。机架式光纤配线架又可分为两种，一种是固定配置的配线架，光纤耦合器被直接固定在机箱上；另一种采用模块化设计，用户可根据光纤的数量和规格选择相对应的模板，便于网络的调整和扩展。

（a）机架式配线架　　　　　　　（b）壁挂式配线架

图 3.4.44　光纤配线架实物图

光纤配线架作为光缆线路的终端设备拥有固定、熔接、调配和存储四项基本功能。光纤配线架是光传输系统中的一个重要的配套设备，它对光纤通信网络的安全运行和灵活使用有着重要的作用。

2. 光纤熔接

1）器材与工具

根据光纤熔接要求准备好光纤熔接机、光纤端面制备器（切割刀）、光纤、剥纤钳、酒精（99%工业酒精最好，用 75%的医用酒精也可）、棉花（用面巾纸也可）、热缩套管等器材与工具，如图 3.4.45 所示。

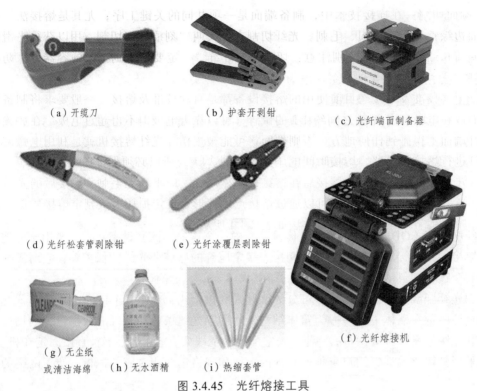

（a）开缆刀　　　　　（b）护套开剥钳

（c）光纤端面制备器

（d）光纤松套管剥除钳　　　（e）光纤涂覆层剥除钳

（g）无尘纸
或清洁海绵　　（h）无水酒精　（i）热缩套管

（f）光纤熔接机

图 3.4.45　光纤熔接工具

（1）开缆刀：开缆刀用于剥除不同护套层厚度的光（电）缆，实物如图 3.4.45（a）所示。

（2）护套开剥钳：用于剥除光缆的护套和剪断加强件，实物如图 3.4.45（b）所示。

（3）光纤松套管剥线钳：用于剥离光纤表面的松套管，实物如图 3.4.45（d）所示。

（4）光纤涂覆层剥线钳：用于剥离光纤表面的涂覆层，实物如图 3.4.45（e）所示。

（5）光纤端面制备器：用于制备光纤断面，实物如图 3.4.45（c）所示。

（6）光纤熔接机：光纤熔接机采用芯对芯标准系统设计，能进行光纤的快速、全自动熔接，实物如图 3.4.45（f）所示。

（7）热缩套管：用于保护光纤，实物如图 3.4.45（i）所示。

（8）清洁工具：清洁工具主要包括无水酒精、清洁海棉纸，实物如图 3.4.44（g）和图 3.4.45（h）所示。

2）操作步骤

第 1 步：光纤端面处理。光纤的端面处理，习惯上又称端面制备。这是光纤连接技术中的一项关键工序，尤其对于熔接法连接光纤来说尤为重要，对整个熔接质量的好坏有直接的影响。光纤端面处理包括去除套塑层、去除涂覆层、清洗、切割。

① 去除松套管：松套光纤去除套塑层，是将调整好（进刀深度）的松套切割钳旋转切割（一周），然后用手轻轻一折，松套管便断裂，再轻轻从光纤上退下。一次去除长度，一般不超过 60 cm，当需要去除长度较长时，可分段去除。去除时应操作得当，避免损伤光纤。

② 去除涂覆层：去除涂覆层时，要一次性去除并且应清理干净，不留残余物，否则放置于微调整架的 V 形槽后会影响光纤的准直性。这一步骤主要是针对松套光纤而言的。

③ 端面清洁：用脱脂棉沾无水酒精，纵向清洗两次，听到"吱——"的声响。

④ 端面切割：在连接技术中，制备端面是一项共同的关键工序，尤其是熔接法，要求光纤端面边缘整齐，无缺损、毛刺。光纤切割方法又叫"刻痕"法切割，用以获得平滑的端面，切割留长 16 ± 1 mm（特别注意：切割掉的碎纤，一定要丢弃到指定的容器内，防止被碎纤扎到）。

第 2 步：校准及熔接。目前使用的熔接设备都是自动校准及熔接，一般要求将制备好的光纤端面放在电极和 V 型槽之间约 1/2 的位置，可以靠近电极但不得超过电极。在放置过程中，光纤端面不得碰到任何地方，否则端面将可能被损伤。光纤熔接机就是利用电弧放电原理对光纤进行熔接的机器，熔接瞬间电压可以达到 3 kV，所以必须保证防风盖盖好。

第 3 步：质量评估。光纤熔接后在熔接机的显示屏上应平整无毛刺，熔接后的光功率损耗应小于 0.1 dB。光纤熔接质量可以通过熔接点的外形和推定损耗大致判定熔接质量好坏，其具体质量评估、形成原因和处理方法如表 3.4.4 所示。

表 3.4.4　光纤熔接质量不好情况

序号	屏幕上显示图形	形成原因及处理方法
1		由于端面尘埃、结露、切断角不良以及放电时间过短引起。熔接损耗很高，需要重新熔接
2		由于端面不良或放电电流过大引起，需重新熔接
3		熔接参数设置不当，引起光纤间隙过大，需要重新熔接
4		端面污染或接续操作不良。选按"ARC"追加放电后，如黑影消失，推算损耗值又较小，仍可认为合格；否则，需要重新熔接
5	白线	光学现象，对连接特性没有影响
6	模糊细线	光学现象，对连接特性没有影响
7	包层错位	两根光纤的偏心率不同，若推算损耗较小，说明光纤仍已对准，属质量良好
8	包层不齐	两根光纤外径不同，若推算损耗值合格，可看作质量合格
9	污点或伤痕	应注意光纤的清洁和切断操作，不影响传光

第 4 步：增强保护。热可缩管是增强件，熔接前先套在光纤一侧，光纤熔接完后再移至接头部位，然后加热收缩。一般采用专用加热器收缩，加热顺序为先中心后两侧，加热完后加热器的控制回路自动停止加热，此时将其移至散热片上，使之冷却，以便保持接头不变形。

① 易熔管：是一种低熔点胶管，当加热收缩后，易熔管与裸纤熔为一体成为新的涂层。

② 加强棒：材料主要有不锈钢针、尼龙棒（玻璃钢）、凹型金属片等几种，它起抗张力和抗弯曲的作用。

③ 热可缩管：收缩后使增强件成为一体，起保护作用。

在使用热缩管进行加热时，要求光纤接续部位必须放置在热缩管正中间，而放好的热缩管也必须放置在加热器的正中间，以此保证热缩管收缩效果。

3. 配线架端接

1）器材与工具

需要准备光纤配线架、光纤熔接机、光纤端接器材、光纤清洁器材和相关工具等。光纤配线架配置如图 3.4.46 所示。

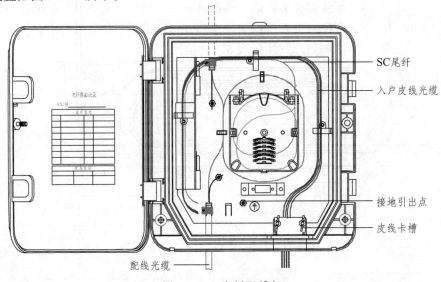

图 3.4.46　光纤配线架

2）操作步骤

第 1 步：光纤配线架的配置。盘纤盒可以根据用户数量适当叠加安装，每一个盘纤盒占用机柜立柱上的一个方孔宽度，通过皇冠螺钉固定即可，如图 3.4.47 所示。

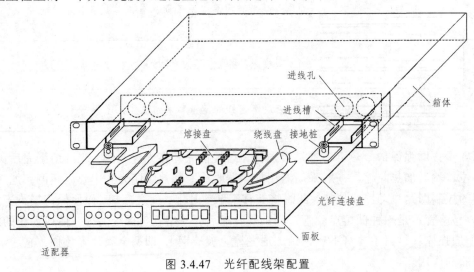

图 3.4.47　光纤配线架配置

第 2 步：光纤端面制备。光纤端面制备包括剥覆、清洁和切割这几个环节。

第 3 步：光纤熔接。根据光纤的材料和类型进行熔接。

第 4 步：盘纤。

方法一：先将热缩后的套管逐个放置于固定槽中，然后再处理两侧余纤。优点：有利于保护光纤接点，避免盘纤可能造成的损害。在光纤预留盘空间小、光纤不易盘绕和固定时，常用此种方法，如图 3.4.48 所示。

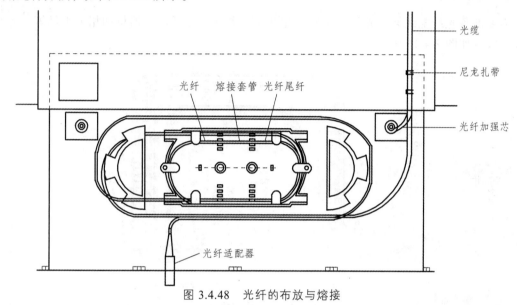

图 3.4.48 光纤的布放与熔接

方法二：从一端开始盘纤，固定热缩管，然后再处理另一侧余纤。优点：可根据一侧余纤长度灵活选择铜管安放位置，方便、快捷，可避免出现急弯、小圈现象。

方法三：特殊情况的处理，如个别光纤过长或过短时，可将其放在最后，单独盘绕；带有特殊光器件时，可将其另一盘处理，若与普通光纤共盘时，应将其轻置于普通光纤之上，两者之间加缓冲衬垫，以防止挤压造成断纤，且特殊光器件尾纤不可太长。

第 5 步：安装固定盘纤盒。检查盘纤盒是否与地面水平；检查螺钉是否拧紧；检查内部尾纤盘放是否规整；检查内部尾纤是否满足弯曲半径；检查机柜内部是否还有多余尾纤盘放；检查机柜内部是否还有光衰放置。

学习单元 3.5   设备机柜安装

【单元引入】

设备机柜是用来组合与安装布线配线设备、计算机网络设备、通信设备、电子设备以及其他的器械部件，具有增强电磁屏蔽、削弱设备工作噪音、减少设备占地面积等优点。机柜的结构应根据设备的电气、机械性能和使用环境的要求，进行必要的物理设计和化学设计，以保证机柜的结构具有良好的刚度、强度以及良好的电磁隔离、接地、噪声隔离、通风散热等性能。

3.5.1 设备机柜选择

机柜由框架和盖板（门）组成，一般为长方体，落地放置，如图 3.5.1 所示。机柜有宽度、高度和深度三个常规指标，其深度一般来说要小于 800 mm，宽度分为 600 mm 与 800 mm 两种，其前门一般都是透明的钢化玻璃门，对散热以及环境的要求不是很高。机柜内设备安装所占高度用一个特殊单位"U"表示，1 U=44.45 mm，如 12 U 机柜尺寸通常为 600 mm（宽）×800 mm（深）×1200 mm（高）。设备机柜可以分为标准机柜、服务器机柜、壁挂式机柜等。

| (a) 12U 机柜 | (b) 18U 机柜 |

图 3.5.1　机柜实物图

标准机柜的结构比较简单，主要包括基本框架、内部支撑系统、布线系统、通风系统。标准机柜根据组装形式和材料选用的不同，可以分成多种类型，机柜尺寸如表 3.5.1 所示。

表 3.5.1　标准机柜尺寸

容量/U	宽度/mm	深度/mm	高度/mm	包装尺寸 $W \times D \times H$/mm	体积/m^3
22	600	600	1099	670×670×1120	0.5028
		800		670×870×1120	0.6528
		1000		670×1070×1120	0.8029
27	600	600	1349	670×670×1370	0.6150
		800		670×870×1370	0.7986
		1000		670×1070×1370	0.9822
32	600	600	1549	670×670×1570	0.7048
		800		670×870×1570	0.9152
		1000		670×1070×1570	1.1255
37	600	600	1774	670×670×1795	0.8058
		800		670×870×1795	1.0463
		1000		670×1070×1795	1.2868

容量/U	宽度/mm	深度/mm	高度/mm	包装尺寸 $W \times D \times H$/mm	体积/m³
42	600	600	1999	670×670×2020	0.9068
		800		670×870×2020	1.1775
		1000		670×1070×2020	1.4481
		1200		670×1270×2020	1.7188
	800	600		870×670×2020	1.1775
		800		870×870×2020	1.5289
		1000		870×1070×2020	1.8804
47	600	600	2221	670×670×2240	1.0055
		800		670×870×2240	1.3057
		1000		670×1070×2240	1.6059

服务器机柜由框架和盖板（门）组成，一般为长方体，落地放置。它为电子设备正常工作提供相适应的环境和安全防护，机柜尺寸如表 3.5.2 所示。服务器机柜应具有抗振动、抗冲击、耐腐蚀、防尘、防水、防辐射等性能，以便保证设备稳定可靠的工作。服务器机柜应具有良好的使用性和安全防护设施，便于操作、安装和维修，并能保证操作者安全。

表 3.5.2　服务器机柜尺寸

容量/U	宽度/mm	深度/mm	高度/mm	包装尺寸 $W \times D \times H$/mm	体积/m³
18	600	600	988	670×670×1028	0.5992
		800		670×870×1028	0.5992
		1000		670×1070×1028	0.7370
22	600	600	1166	670×670×1196	0.5369
		800		670×870×1196	0.6971
		1000		670×1070×1196	0.8574
27	600	600	1388	670×670×1418	0.6460
		800		670×870×1418	0.8266
		1000		670×1070×1418	1.0166
32	600	600	1610	670×670×1640	0.7362
		800		670×870×1640	0.9560
		1000		670×1070×1640	1.1757
37	600	600	1833	670×670×1863	0.8363
		800		670×870×1863	1.0859
		1000		670×1070×1863	1.3356
		1200		670×1270×1863	1.5852

容量/U	宽度/mm	深度/mm	高度/mm	包装尺寸 $W \times D \times H$/mm	体积/m³
42	600	600	2055	670×670×2085	0.9360
		800		670×870×2085	1.2153
		1000		670×1070×2085	1.4947
		1200		670×1270×2085	1.7741
	800	600		870×670×2085	1.2513
		800		870×870×2085	1.5781
		1000		870×1070×2085	1.9409
		1200		870×1270×2085	2.3037
47	600	600	2277	670×670×2307	1.0356
		800		670×870×2307	1.3448
		1000		670×1070×2307	1.6539
		1200		670×1270×2307	1.9630

壁挂机柜一般是冷轧钢板或合金制作的用来存放计算机和相关控制设备的物件，可以提供对存放设备的保护，屏蔽电磁干扰，有序、整齐地排列设备，方便以后维护设备，机柜尺寸如表3.5.3所示。

表3.5.3　壁挂机柜尺寸

容量/U	宽度/mm	深度/mm	高度/mm	包装尺寸 $W \times D \times H$/mm	体积/m³
6	600	450	368	670×520×430	0.1498
		600		670×670×430	0.1930
9	600	450	501	670×520×560	0.1951
		600		670×670×560	0.2513
12	600	450	635	670×520×695	0.2421
		600		670×670×695	0.3106
15	600	450	769	670×520×830	0.2888
		600		670×670×830	0.3725
18	600	450	901	670×520×960	0.3344
		600		670×670×960	0.4309
22	600	450	1082	670×520×1140	0.3971
		600		670×670×1140	0.5117
27	600	450	1304	670×520×1365	0.4755
		600		670×670×1365	0.6127

机柜的材料与机柜的性能密切相关，制造机柜的材料主要有铝材和冷轧钢板两种。用铝材制造的机柜比较轻便，适合堆放轻型器材，且价格相对便宜。冷轧钢板制造的机柜具有机械强度高、承重大的特点。另外，机柜的制作工艺和表面油漆工艺，以及内部隔板、导轨、滑轨、走线槽、插座的精细程度和附件质量也是衡量机柜品质的重要指标。好的机柜不但稳重，符合主流的安全规范，而且设备装入平稳、固定稳固，机柜前后门和两边侧板密闭性好，柜内设备受力均匀，而且配件丰富，能满足各种应用的需要。

3.5.2 设备机柜安装

1. 机柜安装要求

根据建筑与建筑群智能建筑《综合布线系统工程验收规范》（GB 50312—2007）要求，机柜、设备安装过程中应遵循以下技术规范：

（1）机架、设备的型号、品种、规格和数量均应按设计文件规定配置。

（2）机架、设备的排列布置、安装位置和设备面向都应按设计图纸要求，其水平度和垂直度都必须符合生产厂家的规定，若厂家无规定时，要求机架和设备与地面垂直，其前后左右的垂直偏差度均不应大于 3 mm。

（3）为便于施工和维护人员操作，机架和设备前应预留 1500 mm 的空间，机架和设备背面距离墙面应大于 800 mm，以便人员施工、维护和通行。相邻机架设备应靠近，同列机架和设备的机面应排列平齐。

（4）建筑群配线架或建筑物配线架如采用双面配线架的落地安装方式时，应符合以下规定要求：

① 如果缆线从配线架下面引上走线方式时，配线架的底座位置应与成端电缆的上线孔相对应，以利缆线平直引入架上。

② 各个直列上下两端垂直倾斜误差不应大于 3 mm，底座水平误差每平方米不应大于 2 mm。

③ 跳线环等装置牢固，其位置横竖、上下、前后均应整齐、平直、一致。

④ 接线端子应按电缆用途划分连接区域，方便连接，且应设置各种标志，以示区别，有利于维护管理。

（5）建筑群配线架或建筑物配线架如采用单面配线架的墙上安装方式时，要求墙壁必须坚固牢靠，能承受机架重量，其机架(柜)底距地面宜为 300～800 mm，或视具体情况取定。其接线端子应按电缆用途划分连接区域，方便连接，并设置标志，以示区别。

2. 机柜安装步骤

第1步：机柜安装规划。在安装机柜前首先对可用空间进行规划，为了便于散热和设备维护，建议机柜与墙面或其他设备的距离不应小于 0.8 m，机房的净高不能小于 2.5 m，如图 3.5.2 所示。

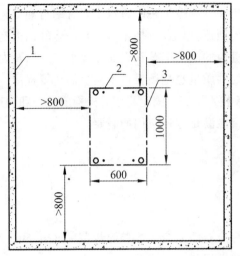

（1）内墙或参考体；
（2）机柜背面；
（3）机柜轮廓。

图 3.5.2　机柜的空间规划图

第 2 步：组装标准机柜。安装相应配件和机盘、部件，使用金属膨胀螺丝进行配线架和机架的机位连接固定。

第 3 步：机柜水平调整。检查机柜的水平度，用扳手旋动地脚上的螺杆以调整机柜的高度，使机柜达到水平状态，然后锁紧机柜地脚上的锁紧螺母，使锁紧螺母紧贴在机柜的底平面，如图 3.5.3 所示。

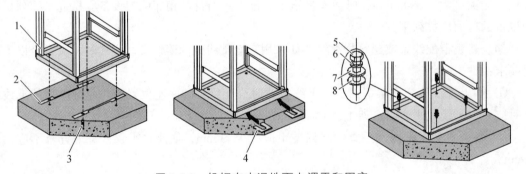

图 3.5.3　机柜在水泥地面上调平和固定

1—机柜；2—绝缘垫板；3—机柜连接孔；4—调平垫片；5—螺栓；6—弹垫；7—平垫；8—绝缘套。

第 4 步：接地系统的安装。机架设备的接地装置要求具有良好的电气化连接，所有与地线的连接处应使用接地垫圈。垫圈尖角应该对向铁件，刺破其涂层，且须一次安装完毕；智能建筑综合布线系统的有源设备的正极和外壳以及主干电缆的屏蔽层及其连通线均应接地，并应采用联合接地方式。

模块小结

智能建筑综合布线工程技术人员必须熟悉智能建筑综合布线工程实施的每个组织管理环节，掌握线管安装、线槽安装、桥架安装、底盒安装技术；掌握双绞线布放、同轴电缆布放、光缆布放技术；掌握双绞线端接、同轴电缆端接、光纤端接、信息插座安装、110 配线系统安装、模块化数据配线架安装、光纤连接器端接、光纤配线架端接技术；掌握机柜和设备的安装和调试技术。在施工前认真阅读厂家说明书，以熟悉具体安装步骤，最好在施工前能逐一操作一遍，以掌握具体的安装工艺。通过测试，可以及时发现布线故障，确保工程施工质量。

问题与思考

1. 在智能建筑综合布线施工前应该进行哪些准备工作？
2. 智能建筑综合布线施工过程中的注意事项有哪些？
3. 智能建筑综合布线施工后应该进行哪些收尾工作？
4. 敷设金属管时，一般什么情况下需要设拉线盒？
5. 敷设暗管和暗槽时，对金属管、金属槽的口径有什么要求？
6. 如何实现双绞线和光缆的牵引？
7. 屏蔽与非屏蔽双绞线有何区别？该如何选择？
8. 在竖井中敷设垂直干线的两种方式分别应该如何实现？
9. 试比较双绞线电缆和光缆的优缺点？
10. 选用布线用线管、线槽或桥架时，应该考虑哪些问题？
11. 光缆主要有哪些类型？应如何选用？
12. 简单描述光纤的端接流程？有哪些注意事项？
13. 简单描述信息模块的端接流程，有哪些注意事项？
14. 简单描述同轴电缆的端接流程，有哪些注意事项？

技能训练

1. 线槽、线管、桥架安装

实训名称	线槽、线管、桥架安装
实训目的	1. 学会依据方案书和工程图纸安装 PVC 线槽，熟练掌握施工方法。 2. 学会依据方案书和工程图纸安装 PVC 和金属线管，熟练掌握施工方法。 3. 学会依据方案书和工程图纸安装底盒，熟练掌握施工方法。 4. 学会依据方案书和工程图纸安装槽式桥架，熟练掌握施工方法
实训器材	PVC 线槽、PVC 线管、金属线管、槽式桥架、阴角、阳角、三通、支架若干、钢锯、钢卷尺、螺丝刀、登高梯子等
实训内容	1. 完成配线子系统线管安装，掌握 PVC 管卡、管的安装方法和技巧，掌握 PVC 管弯头的制作。 2. 完成配线子系统线槽安装法，掌握 PVC 线槽、盖板、阴角、阳角、三通的安装方法和技巧。 3. 完成明装和暗装两种底盒的安装。 4. 完成槽式桥架的安装，掌握墙上开孔、支架安装、桥架固定、盖板和扎线的方法和技巧。 5. 具体操作步骤详见教材相应章节

2. 线缆布放

实训名称	线缆布放
实训目的	1. 掌握明装线缆的布放方法和技巧。 2. 掌握暗装线缆的布放方法和技巧
实训器材	双绞线、皮线光缆、牵引绳、胶带和相关工具等
实训内容	1. 选择路由方式，预估放线长度，完成线槽、线管和桥架等安装。 2. 明装布线实验时，边布管边穿线。布管和穿线后，必须做好线标。 3. 暗装布线实验时，需先布放牵引绳至管线中，再制作牵引头用于连接牵引绳和线缆，最后逐段牵引将线缆引至管线中。 4. 具体操作步骤详见教材相应章节

3. 双绞线端接

实训名称	双绞线端接
实训目的	1. 掌握 RJ45 跳线的制作方法和技巧。 2. 掌握 RJ45 信息模块的制作方法和技巧。 3. 掌握语音和数据配线架模块端接方法和技巧
实训器材	RJ45 水晶头、信息模块、双绞线、剥线器、压线钳、打线钳、语音和数据配线架
实训内容	1. 完成网络线的两端剥线，不允许损伤线缆铜芯，长度合适。 2. 每人完成 2 根跳线制作，其中 1 根直通跳线，1 根交叉跳线，共计压接 4 个 RJ45 水晶头。 3. 每人完成 2 根网线两端端接，共端接 32 芯线，要求压接方法正确，每次压接成功，压接线序检测正确。 4. 每人完成 1 根网线的端接，一端 RJ45 水晶头端接，另一端配线架端接。 5. 具体操作步骤详见教材相应章节

4. 光纤端接

实训名称	光纤端接
实训目的	1. 掌握光纤熔接的制作方法和技巧。 2. 掌握快速连接器的制作方法和技巧。 3. 掌握光纤机械连接器（冷接子）的制作方法和技巧
实训器材	光纤熔接机、光纤端面制备器（切割刀）、光纤、剥纤钳、酒精、棉花、热缩套管、快速连接器和光纤机械连接器等器材与工具
实训内容	1. 每人完成 3 根光纤的熔接和盘纤操作，要求端别无误，光纤接头的连接损耗应低于内控指标，光纤接头余留和接头盒内的余留应满足。 2. 每人完成 1 根光纤两端的快速连接器制作，要求插入损耗≤0.3 dB，回波损耗≥40 dB。 3. 每人完成 1 个光纤机械连接器（冷接子）的制作，要求插入损耗≤0.3 dB，回波损耗≥40 dB。 4. 具体操作步骤详见教材相应章节

模块4 智能建筑综合布线系统工程测试

【模块引入】

    智能建筑综合布线工程施工完成后，需要测试智能建筑综合布线工程是否达到工程设计方案的要求。智能建筑综合布线工程的测试分为通断测试和指标测试两个方面。双绞线的通断测试为接线图测试；指标测试分为长度测试、衰减测试、近端串扰测试、综合近端串扰、衰减与串扰比测试、等效远端串扰测试、回波损耗测试、传输延迟测试等内容。光纤光缆的通断测试为连通性测试；指标测试分为长度测试、损耗测试、曲线图分析等内容。

【知识点】

（1）掌握常用工程测试仪表的功能和使用；

（2）掌握电气测试类型、测试模型和测试指标；

（3）掌握测试光纤长度和衰减的方法。

【技能点】

（1）能够熟练使用常用工程测试仪表；

（2）能够使用电缆测试仪表对智能建筑综合布线链路进行测试；

（3）能够使用光纤测试仪对光纤长度和衰减进行测试。

学习单元 4.1 电气系统测试

【单元引入】

    根据 GB 50314—2015 和 GB 50311—2016 要求，规定了信道模型、基本链路模型和永久链路模型三种连接模型，明确了接线图测试、长度测试、衰减测试、近端串扰测试、综合近端串扰、衰减与串扰比测试、等效远端串扰测试、回波损耗测试、传输延迟测试的内容。

4.1.1 电气测试类型

电气测试一般可分为验证测试和认证测试两个部分。

1. 验证测试

    验证测试又称为随工测试，是边施工边测试，主要检测线缆质量和安装工艺，及时发现并纠正所出现的问题，不至于等到工程完工时才发现问题而重新返工，耗费不必要的人力、物力和财力。

    验证测试不需要使用复杂的测试仪，只需要能测试接线图和线缆长度的测试仪。

2. 认证测试

认证测试又称为验收测试，是所有测试工作中最重要的环节，是在工程验收时对布线系统的全面检验，是评价智能建筑综合布线工程质量的科学手段。

一般要求施工单位、监理单位和业主同时参加，测试前先确定测试方法和测试仪型号，然后根据测试方法和测试对象将仪器参数调整或校正为符合测试要求的数值，最后到现场逐项进行测试，并做好相应的现场记录。

4.1.2 电气测试模型

电气测试模型包括基本链路模型、通道模型和永久链路模型三种连接模型。

1. 基本链路模型（Basic Link）

基本链路用来测试智能建筑综合布线中的固定链路部分。由于智能建筑综合布线承包商通常只负责这部分的链路安装，所以基本链路又被称为承包商链路。它包括最长 90 m 的水平布线，两端可分别有一个连接点以及用于测试的两条各 2 m 长的跳线，基本链路测试模型如图 4.1.1 所示。

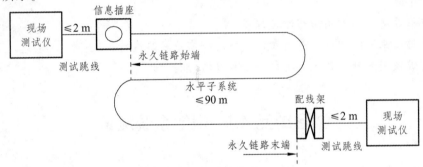

图 4.1.1　基本链路测试模型

2. 通道模型（Channel）

通道用来测试端到端的链路整体性能，又被称为用户链路。它包括最长 90 m 的水平电缆，一个工作区附近的转接点，在配线架上的两处连接，以及总长不超过 10 m 的连接线和配线架跳线，通道测试模型如图 4.1.2 所示。

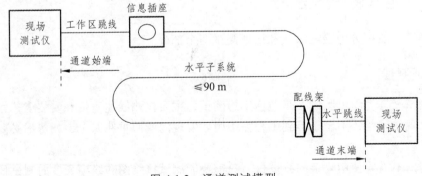

图 4.1.2　通道测试模型

3. 永久链路模型（Permanent Link）

永久链路又称固定链路,在国际标准化组织 ISO/IEC 和 TIA/EIA568B 所制定的增强 5 类、6 类测试标准中定义了永久链路测试方式，它将代替基本链路方式。永久链路方式供工程安装人员和用户测量所安装的固定链路的性能。永久链路连接方式由 90 m 水平电缆和链路中相关接头（必要时增加一个可选的转接/汇接头）组成，与基本链路方式不同的是，永久链路不包括现场测试仪插接线和插头，以及两端 2 m 测试电缆，电缆总长度为 90 m，而基本链路包括两端的 2 m 测试电缆，电缆总计长度为 94 m，如图 4.1.3 所示。

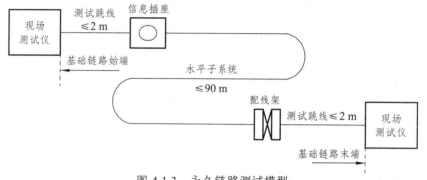

图 4.1.3　永久链路测试模型

永久链路测量方式，排除了测量连线在测量过程本身带来的误差，使测量结果更准确、合理。在实际测试应用中，选择哪一种测量连接方式应根据需求和实际情况决定。使用通道链路方式更符合使用的情况，但由于它包含了用户的设备连线部分，测试较复杂，一般工程验收测试建议选择基本链路方式或永久链路方式进行。

4.1.3　电气测试内容

电气测试的内容包括接线图测试、长度测试、衰减测试、近端串扰测试、综合近端串扰、衰减与串扰比测试、等效远端串扰测试、回波损耗测试、传输延迟测试项目。

1. 接线图（Wire Map）测试

在布线系统施工过程中，要分别对众多双绞线的两端实现端接，这就很有可能因为人为原因造成端接的顺序不正确，从而造成整个系统的错误、短路或开路。在布线工程的施工过程中，常见的连接故障有：开路、短路、反接、错对、串绕等。

（1）开路：开路是指不能保证电缆链路一端到另一端的连通性，如图 4.1.4（b）所示。

（2）短路：短路通常为插座中不止一个插针连在同一根铜线上，如图 4.1.4（c）所示。

（3）反接：同一对线在两端针位接反的错误，如一端为 1-2，另一端为 2-1，如图 4.1.4（d）所示。

（4）错对：在双绞线布线过程中必须采用统一接线标准，如一条线缆的 1-2 接在另一条线缆的 3-6 针上，则形成错对，如图 4.1.4（e）所示。

（5）串绕：串绕就是将原来的两对线分别拆开而又重新组成新的线对，如图 4.1.4（f）所示。

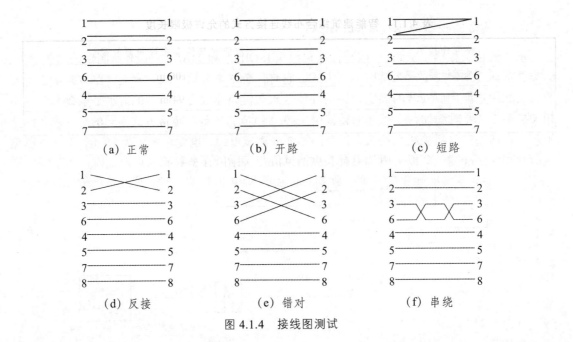

(a) 正常　　　　　　　　(b) 开路　　　　　　　　(c) 短路

(d) 反接　　　　　　　　(e) 错对　　　　　　　　(f) 串绕

图 4.1.4　接线图测试

　　为了保证整个智能建筑综合布线工程的质量，有必要对整个布线系统每一个双绞线接头的连接性进行测试，当然这一测试过程是很繁琐的，但是它也是整个布线系统中很重要的一个测试环节。

2. 长度（Length）测试

　　布线链路长度指布线链路端到端之间电缆芯线的实际物理长度。由于各芯线存在不同绞距，在布线链路长度测试时，要分别测试 4 对芯线的物理长度，测试结果会大于布线所用电缆长度，如图 4.1.5 所示。

　　用长度不小于 15 m 的测试样线确定 NVP（额定传输速率）值，测试样线越长，测试结果越精确。该值随不同线缆类型而异，通常，NVP 范围为 60%～90%。

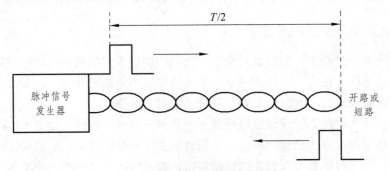

图 4.1.5　链路长度测量原理图

　　电缆长度测量值在"自动测试"或"单项测试"中自动显示，根据所选测试连接方式不同分别报告标准受限长度和实测长度值(标准受限长度见表 4.1.1，基本链路方式的测试结果包含 4 m 测试线长度)。测试结果标注"通过"或"失败"。通道链路方式、基本链路方式和永久链路方式所允许的智能建筑综合布线极限长度如表 4.1.1 所示。

表 4.1.1　智能建筑综合布线连接方式的允许极限长度

被测连接方式	智能建筑综合布线极限长度
通道链路方式	100 m
基本链路方式	94 m
永久链路方式	90 m

不同型电缆的 NVP 值不同，电缆长度测试值与实际值存在着较大误差。由于 NVP 值是一个变化因素，不易准确测量，故通常多采取忽略 NVP 值影响，对长度测量极值安排+10%余量的做法。在智能建筑综合布线实际应用中，布线长度略超过标准，在不影响使用时，也是可以允许的。

3. 衰减（Attenuation）测试

电信号随着传输距离的增大都会产生信号能量的减小，最终导致终端设备无法被识别，这一现象就是衰减。它的大小取决于电缆的电阻、分布电容、分布电感参数和信号频率等因素，一般用 dB 来表示。衰减的大小对于处于布线系统远端的用户来说影响非常大，很容易导致通信网络时断时有的情况发生，信号衰减增大到一定程度，将会引起链路传输的信息不可靠。

不同类型线缆在不同频率、不同链路方式情况下每条链路最大允许衰减值如表 4.1.2 所示。

表 4.1.2　不同连接方式下允许的最大衰减值一览表

频率 /MHz	3 类		4 类		5 类		5 类 E		6 类	
	通道链路衰减 /dB	基本链路衰减 /dB	通道链路衰减 /dB	基本链路衰减 /dB	通道链路衰减 /dB	基本链路衰减 /dB	通道链路衰减 /dB	永久链路衰减 /dB	通道链路衰减 /dB	永久链路衰减 /dB
1.0	4.2	3.2	2.6	2.2	2.5	2.1	2.4	2.1	2.2	2.1
4.0	7.3	6.1	4.8	4.3	4.4	4.0	4.4	4.0	4.2	3.6
8.0	10.2	8.8	6.7	6.0	6.3	5.7	6.8	6.0		5.0
10.0	11.5	10.0	7.5	6.8	7.0	6.3	7.0	6.0	6.5	6.2
16.0	14.9	13.2	9.9	8.8	9.2	8.2	8.9	7.7	8.3	7.1
20.0			11.0	9.9	10.3	9.2	10.0	8.7	9.3	8.0
25.0					11.4	10.3				
31.25					12.8	11.5	12.6	10.9	11.7	10.0
62.5					18.5	16.7				
100					24.0	21.6	24.0	20.4	21.7	18.5
200									31.7	26.4
250									32.9	30.7

注：以上测试是以 20 ℃ 为准，对 3 类双绞线电缆，每增加 1 ℃ 则衰减量增加 1.5%；对 5 类双绞线电缆，每增加 1 ℃ 会增加 0.4%；对 6 类双绞线电缆，每增加 1 ℃ 会增加 0.3%。

使用扫频仪在不同频率上发送 0 dB 信号，用选频表在链路远端测试各特定频率点接收电平 dB 值，即可确定衰减量，如图 4.1.6 所示。

图 4.1.6　衰减量测试原理图

表 4.1.2 是测试仪表报告表中衰减量测试的各项内容。测试标准符合表 4.1.3 所示衰减量测试限定值。

表 4.1.3　衰减量测试结果的报告项目及说明

报告项目	测试结果报告内容说明
线对	与结果相对应的电缆线对，本项测试显示线对：1，2，4，5，3，6，7，8
衰减量/dB	如测试通过，该值是所测衰减值中最高的值（最差的频率点的值）；如测试失败，该值是超过测试标准最高的测量衰减值
频率/Hz	如测试通过，该频率是发生最高衰减值的频率值；如测试失败，该频率是发生最严重不合格值处的频率
衰减极限/dB	给出在所指定的频率上所容许的最高衰减值(极限标准值)，取决于最大允许缆长
余量/dB	最差频率点上极限值与测试衰减值之差，正数据表示测量衰减值低于极限值，负数据表示测量衰减值高于极限值
结果	测试结果判断：余量测试为正数据表示"通过"，余量测试为负数据表示"失败"

4. 近端串扰 (NEXT) 测试

近端串扰是指在一条双绞电缆链路中，发送线对对同一侧其他线对的电磁干扰信号，一般用 dB 来表示。定义近端串扰值（dB）和导致该串扰的发送信号（参考值定为 0 dB）之差值（dB），为近端串扰损耗。越大的 NEXT 值近端串扰损耗越大，这也是我们所希望的。不同类线缆在不同频率、不同链路方式情况下，允许最小的串扰损耗值如表 4.1.4 所示。

表 4.1.4　最小近端串扰损耗一览表

频率/MHz	3 类		4 类		5 类		5 类 E		6 类	
	通道链路/dB	基本链路/dB	通道链路/dB	基本链路/dB	通道链路/dB	基本链路/dB	通道链路/dB	永久链路/dB	通道链路/dB	永久链路/dB
1.0	39.1	40.1	53.3	54.7	>60.0	>60.0	63.3	64.2	65.0	65.0
4.0	29.3	30.7	43.4	45.1	50.6	51.8	53.6	54.8	63.0	64.1
8.0	24.3	25.9	38.2	40.2	45.6	47.1	48.6	50.0	58.2	59.4
10.0	22.7	24.3	36.6	38.6	44.0	45.5	47.0	48.5	56.6	57.8
16.0	19.3	21.0	33.1	35.3	40.6	42.3	43.6	45.2	53.2	54.6
20.0			31.4	33.7	39.0	40.7	42.0	43.7	51.6	53.1
25.0					37.4	39.1	40.4	42.1	50.0	51.5

频率/MHz	3 类		4 类		5 类		5 类 E		6 类	
	通道链路/dB	基本链路/dB	通道链路/dB	基本链路/dB	通道链路/dB	基本链路/dB	通道链路/dB	永久链路/dB	通道链路/dB	永久链路/dB
31.25					35.7	37.6	38.7	40.6	48.4	50.0
62.5					30.6	32.7	33.6	35.7	42.4	45.1
100					27.1	29.3	30.1	32.3	39.9	41.8
200									34.8	36.9
250									33.1	35.3

NEXT 的测量原理是测试仪从一个线对发送信号，当其沿电缆传送时，测试仪在同一侧的某相邻被测线对上捕捉并计算所叠加的全部谐波串扰分量，计算出其总串扰值。测量原理如图 4.1.7 所示。

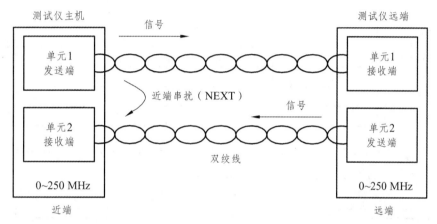

图 4.1.7　近端串扰损耗（NEXT）测试原理图

在测试近端串扰时，采用频率点步长法，频率点的步长越小，测试就越准确。另外，测试双绞线电缆的 NEXT 值，需要在每一对线之间进行测试。

表 4.1.4 是测试仪表报告表中近端串扰测试的各项内容。测试标准符合表 4.1.5 所示近端串扰测试限定值。

表 4.1.5　近端串扰损耗测试项目及测试结果说明

报告项目	测试结果报告内容说明
线对	与测试结果相对应的两个相关线对：1，2-3，6；1，2-4，5；1，2-7，8；3，6-4，5；3，6-7，8；4，5-7，8
频率/MHz	显示发生串扰损耗最小值的频率
串扰损耗/dB	所测规定线对间串扰损耗（NEXT）最小值（最差值）
近端串扰极限值/dB	各频率下近端串扰损耗极限值，取决于所选择的测试标准
余量/dB	所测线对的串扰损耗值与极限值的差值
结果	测试结果判断：正余量表示"通过"，负余量表示"失败"

5. 综合近端串扰（PS NEXT）测试

在 4 对型双绞线的一侧，3 个发送信号的线对向另一相邻接收线对产生串扰的总和近似为综合近端串扰值。相邻线对综合近端串扰限定值如表 4.1.6 所示。

表 4.1.6　相邻线对综合近端串扰限定值一览表

频率/MHz	5e 类线缆		6 类线缆	
	通道链路/dB	基本链路/dB	通道链路/dB	永久链路/dB
1.0	57.0	57.0	62.0	62.0
4.0	50.6	51.8	60.5	61.8
8.0	45.6	47.0	55.6	57.0
10.0	44.0	45.5	54.0	55.5
16.0	40.6	42.2	50.6	52.2
20.0	39.0	40.7	49.0	50.7
25.0	37.4	39.1	47.3	49.1
31.25	35.7	37.6	45.7	47.5
62.5	30.6	32.7	40.6	42.7
100.0	27.1	29.3	37.1	39.3
200.0	-	-	31.9	34.3
250	-	-	30.2	32.7

在同一链路中 3 个线对上同时发送 0 ~ 250 MHz 信号，N1，N2，N3 分别为线对 2、线对 3、线对 4 对线对 1 的近端串扰值，如图 4.1.8 所示。

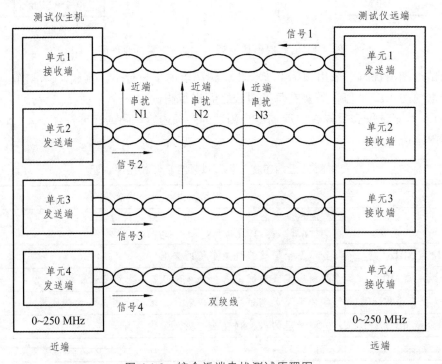

图 4.1.8　综合近端串扰测试原理图

相邻线对综合近端串扰测量原理就是测量 3 个相邻线对对某线对近端串扰总和。表 4.1.6 是测试仪表报告表中综合近端串扰测试的各项内容。测试标准符合表 4.1.7 所示综合近端串扰测试限定值。

表 4.1.7　综合近端串扰测试项目及测试结果说明

报告项目	测试结果报告内容说明
线对	与测试结果相对应的各线对：1，2　3，6　4，5　7，8；需测试 4 种组合
频率/MHz	显示发生最接近标准限定值的 PS NEXT 频率点
功率和值/dB	所测线对 PS NEXT 最小值（最差值）
功率和极限值/dB	各频率下 PS NEXT 极限值（标准值）
余量/dB	所测线对 PS NEXT 与极限值的差值
结果	正余量判"通过"，负余量判"失败"

6. 衰减与串扰比（ACR）测试

衰减与串扰比测试是在受相邻发信线对串扰的线对上其串扰损耗（NEXT）与本线对传输信号衰减值（A）的差值（单位为 dB），即 ACR（dB）=NEXT（dB）– A（dB）。用被测线对受相邻发送对的近端串扰值与本线对传输信号衰减值的差值计算，能真正反映出电缆链路的实际传输质量。衰减与串扰比最小限定值（ACR）如表 4.1.8 所示。

表 4.1.8　衰减与串扰比最小限定值

频率/MHz	5e 类线缆		6 类线缆	
	通道链路/dB	基本链路/dB	通道链路/dB	永久链路/dB
1.00	57.0	57.0	63.1	63.1
4.00	50.9	49.1	60.6	60.6
8.00	44.4	42.3	54.4	54.4
10.00	42.3	39.9	52.3	52.3
16.00	37.3	34.4	47.6	47.6
20.00	34.8	31.8	45.2	45.2
25.00	32.1	28.9	42.6	42.6
31.25	29.3	25.9	40.0	40.0
62.50	19.4	15.0	30.7	30.7
100.00	11.3	6.1	23.2	23.2
125.00	—	—	19.4	19.4
200.00	—	—	9.5	9.5
250.00	—	—	4.2	4.2

一般情况下，链路的 ACR 通过分别测试近端串扰 NEXT（dB）和传输信号衰减值 A（dB）

并由公式直接计算出。通常，ACR 可以被看成布线链路上信噪比的一个量。近端串扰 NEXT（dB），即被认为是噪声；ACR = 3 dB 时所对应的频率点，可以认为是布线链路的最高工作频率（即链路带宽）。

测试仪所报告的 ACR 值，是由测试仪对某被测线对分别测出 NEXT 和线对衰减 A 后，在各预定被测频率上计算 NTXT（dB）和 A（dB）的结果。ACR，NEXT 和衰减 A 三者关系表示如图 4.1.9 所示。

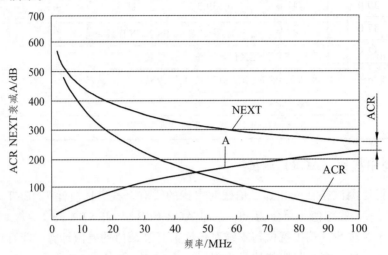

图 4.1.9　串扰损耗 NEXT、衰减 A 和 ACR 关系曲线

表 4.1.8 是测试仪表报告表中串扰衰减比 ACR 的各项内容。测试标准符合表 4.1.9 所示串扰衰减差（ACR）最小限定值。

表 4.1.9　串扰衰减比（ACR）测试项目及测试结果说明

报告项目	测试结果报告内容说明
串扰对	做该项测试的受扰电缆线对 1，2-3，6；1，2-4，5；1，2-7，8 3，6-4，5；3，6-7，8；4，5-7，8
ACR（dB）	实测最差情况下的 ACR。若未超出标准，该值指最接近极限值的 ACR 值。若已超出标准，该值指超出极限值最多的那一个 ACR 值
频率（MHz）	发生最差 ACR 情况下的频率
ACR 极限值（dB）	发生最差 ACR 频率处的 ACR 标准极限数值，取决于所选择的测试标准
余量	最差情况下测试 ACR 值与极值之差，正值表示最差测试值高于 ACR 极限值，负值表示实测最差 ACR 低于极限值
结果	按余量判定，正值"通过"，负值"失败"

7. 等效远端串扰（ELFEXT）测试

因为信号的强度与它所产生的串扰及信号在发送端的衰减程度有关，电缆长度对测量到的远端串扰值的影响会很大，因此远端串扰不是一种有效的测试指标。

等效远端串扰其实就是远端串扰减去衰减之后的值，即远端的 ACR。要求的测试参数极限如表 4.1.10 所示。

表 4.1.10 等效远端串扰损耗 ELFEXT 最小限定值

频率/MHz	5 类		5e 类		6 类	
	通道链路/dB	基本链路/dB	通道链路/dB	基本链路/dB	通道链路/dB	永久链路/dB
1.0	57.0	59.6	57.4	60.0	63.3	64.2
4.0	45.0	47.6	45.3	48.0	51.2	52.1
8.0	39.0	41.6	39.3	41.9	45.2	46.1
10.0	37.0	39.6	37.4	40.0	43.3	44.2
16.0	32.9	35.5	33.3	35.9	39.2	40.1
20.0	31.0	33.6	31.4	34.0	37.2	38.2
25.0	29.0	31.6	29.4	32.0	35.3	36.2
31.25	27.1	29.7	27.5	30.1	33.4	34.3
62.5	21.5	23.7	21.5	24.1	27.3	28.3
100.0	17.0	17.0	17.4	20.0	23.3	24.2
125.0					21.3	22.2
200.0					17.2	18.2
250.0					15.3	16.2

按图 4.1.10 原理进行测试，并报告不同测试频率下的 ELFEXT 各值。该项目为宽带链路应测技术指标，指标应符合表 4.1.10 规定。

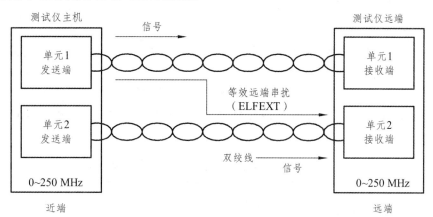

图 4.1.10 远端串扰损耗与线路衰减比的测量原理图

测量结果报告受扰线对发生最差 ELFEXT 的数据、频率与极限值之间的差值。

8. 回波损耗（Return Loss）测试

回波损耗是在线缆与接插件构成链路时，由于特性阻抗偏离标准值导致功率反射而引起的。回波损耗由输出线对的信号幅度和该线对所构成的链路上反射回来的信号幅度的差值导出，表 4.1.11 列出了不同链接方式下回波损耗限定范围。

表 4.1.11　回波损耗在不同链路下极限值

频率/MHz	5e 类		6 类	
	通道链路/dB	基本链路/dB	通道链路/dB	永久链路/dB
1.00	17.0	19.0	19.0	21.1
4.00	17.0	19.0	19.0	21.0
8.00	17.0	19.0	19.0	21.0
10.00	17.0	19.0	19.0	21.0
16.00	17.0	19.0	18.0	20.0
20.00	17.0	19.0	17.5	19.5
25.00	16.0	18.0	17.0	19.0
31.25	15.1	17.0	16.5	18.5
62.50	12.1	14.1	14.0	16.0
100.00	10.0	12.0	12.0	14.0
125.00	-	-	11.0	13.0
200.00	-	-	9.0	11.0
250.00	-	-	8.0	10.0

回波损耗（RL）的测量原理是使用高频电桥并根据电桥平衡原理，按所测链路阻抗，选择与其阻抗相匹配的扫频设备、选频设备、高频阻抗电桥等构成电路，如图 4.1.11 所示。选频仪输入阻抗和高频电桥的阻抗值 Z，扫频信号发生的输出阻抗 Z，均为 100 Ω。

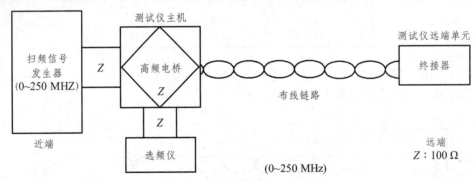

图 4.1.11　回波损耗测试原理图

表 4.1.11 是测试仪表报告表中回波损耗测试的各项内容。测试标准符合表 4.1.12 所示回波损耗测试限定值。

表 4.1.12　回波损耗（RL）测试项目及测试结果说明

报告项目	测试结果报告内容说明
线对	所测线缆的线对号
RL/dB	最差情况 RL 值，若未超标准，该值指最接近于极限值的 RL 测量值，如实测 RL 值超过有限值，显示超出极限值最多的那一个 RL 值
频率/MHz	发生最差 RL 情况下的频率
RL 极限值/dB	发生最差 RL 频率处的 RL 规定标准极限值
余量/dB	最差 RL 情况下，实测值与极限值之差，正值表示测试结果优于极限值，负值表示测试结果未达到标准
结果	按余量判定，正值"通过"，负值"失败"

注：测试结果提供表 4.1.12 中要求的全部数据；根据需求，提供 RL 随频率变化曲线；需要在近、远端分别做 RL 测试。

9. 传输延迟（Propagation Delay）和延迟偏离（Delay Skew）测试

延迟偏离是在一条 UTP 电缆中，传输延迟最大的线对与最小的线对之间的传输延迟差。传输延迟与电缆的 NVP 值成正比，表 4.1.13 列出不同连接方式下传输时延最大限值。

表 4.1.13　传输时延不同连接方式下特征点最大限值

频率 /MHz	3 类/ns	5e 类/ns		6 类/ns	
		通道链路	基本链路	通道链路	永久链路
1.0	580	580	521	580	521
10.0	555	555		555	
16.0	553	553	496	553	496
100.0		548	491	548	491
250.0				546	490

表 4.1.13 是测试仪表报告表中传输时延测试的各项内容。测试标准符合表 4.1.14 所示传输时延测试限定值。

表 4.1.14　传播时延测试及结果说明

报告项目	测试结果报告内容说明
线对	测试传播时延参数的相关线对
传播时延/ns	测试线对的实际传播时延
时延差值/ns	实测各线对传输时延与参考时延值差值
最大时延差极限值/ns	各线对时延值与参考时延值最大差值的极限定值
结果	若测得某线对最大时延值小于标准值或时延差值小于差值极限规定值判"通过"，反之判"失败"

学习单元 4.2　光纤系统测试

【单元引入】

根据 GB 50314—2015 和 GB 50311—2016 要求，对于光纤或光纤传输系统，其基本的测试内容有光纤光缆的长度测试、连通性测试、衰减/损耗测试、输入功率和输出功率测试等，通过分析光纤的测试曲线图确定光纤长度、连通性、损耗值等性能事件。

4.2.1　光缆测试内容

对于光纤系统的基本测试内容包括光纤连续性和光纤的衰减（损耗）测试。通过测量光纤输入功率和输出功率，分析光纤的光功率衰减（损耗），确定光纤连续性和发生光损耗的部位，有助于保证整个布线系统正常使用。

1. 光纤的连通性

光纤的连通性是对光纤的基本要求，对光纤的连通性进行测试是基本的测量之一。进行连通性测试时，通常是把红色激光（红光源），发光二极管（LED）或者其他可见光信号注入待测光纤，并在光纤的末端监视是否有输出，以此来判断光纤是否有断纤。

如果光纤输出端有光功率，说明光纤已经连通，可用光功率计测试输出光功率以判断光功率是否在合理范围内；如果光纤输出端的光功率较小或者根本没有光输出，说明光纤中有断裂或其他的不连续点。

2. 光纤的损耗（衰减）

光纤的损耗（衰减）也是经常要测量的参数之一。光纤的损耗主要是由光纤本身的固有吸收和散射造成的，通常用光纤的衰减系数 α 表示，单位符号为 dB/km。光纤损耗的高低直接影响传输距离或中继站间隔距离的远近，因此，了解并降低光纤的损耗对光纤通信有着重大的现实意义。

1）光纤损耗的分类

光纤损耗可分为吸收损耗、散射损耗和工程损耗三种。吸收损耗和散射损耗是由光纤材料本身的特性决定的，在不同的工作波长下引起的固有损耗也不同。工程损耗是在光纤的铺设过程中人为造成的。

（1）吸收损耗。

吸收损耗是光波通过光纤材料时，有一部分光能变成热能，从而造成光功率的损失。造成吸收损耗的原因很多，但都与光纤材料有关，下面主要介绍本征吸收和杂质吸收。

本征吸收是光纤基本材料（例如纯 SiO_2）固有的吸收，并不是由杂质或者缺陷所引起的。因此，本征吸收基本上确定了任何特定材料的吸收的下限。吸收损耗的大小与波长有关，对于 SiO_2 石英系光纤，本征吸收有两个吸收带，一个是紫外吸收带，一个是红外吸收带。目前光纤通信一般仅工作在 $0.8 \sim 1.6$ μm 波长区，因此我们只讨论这一工作区的损耗。

杂质吸收是玻璃材料中含有铜、铁、铬、锰等过渡金属离子和 OH 离子，在光波激励下由离子振动产生的电子阶跃吸收光能而产生的损耗。对制造光纤的材料进行严格的化学提纯，就可以大大降低损耗。

（2）散射损耗。

由于光纤的材料、形状及折射指数分布等的缺陷或不均匀，光纤中传导的光发生散射而产生的损耗称为散射损耗。光纤内部的散射，会减小传输的功率，产生损耗。散射中最重要的是瑞利散射，它是由光纤材料内部的密度和成分变化而引起的。

散射损耗包括线性散射损耗和非线性散射损耗。线性散射损耗主要包括瑞利散射和材料不均匀引起的散射，非线性散射主要包括：受激喇曼散射和受激布里渊散射等。

（3）工程损耗。

光纤的工程损耗主要包括弯曲损耗和端接损耗两种。光纤是柔软的，可以弯曲，可是弯曲到一定程度后，光纤虽然可以导光，但会使光的传输途径改变。光纤的弯曲有两种形式：一种是曲率半径比光纤的直径大得多的弯曲，我们习惯称为宏弯；另一种是光纤轴线产生微米级的弯曲，这种高频弯曲习惯称为微弯。光纤端接时产生的损耗是由端面与轴心不垂直，端面不平，对接心径不匹配和熔接质量差等引起的。

2）光纤损耗的测试

光纤链路损耗参考值如表 4.2.1 所示，光纤链路的损耗极限值可用以下公式计算：

光纤链路损耗=光纤损耗+连接器件损耗+光纤连接点损耗

光纤损耗=光纤损耗系数（dB/km）×光纤长度（km）

连接器件损耗=连接器件损耗/个×连接器件个数

光纤连接点损耗=光纤连接点损耗/个×光纤连接点个数

表 4.2.1　光纤链路损耗参考值

种类	工作波长/nm	衰减系数/（dB/km）
多模光纤	850	3.5
多模光纤	1300	1.5
单模室外光纤	1310	0.5
单模室外光纤	1550	0.5
单模室内光纤	1310	1.0
单模室内光纤	1550	1.0
连接器件衰减	0.75 dB	
光纤连接点衰减	0.3 dB	

光缆布线信道在规定的传输窗口测量出的最大光损耗（衰减）应不超过表 4.2.2 的规定，该指标已包括接头与连接插座的损耗在内。

表 4.2.2　光缆信道损耗范围

光缆应用类别	链路长度/m	最大信道损耗/dB			
		多模		单模	
		850 nm	1300 nm	1310 nm	1550 nm
水平子系统	100	2.55	1.95	1.80	1.80
垂直干线子系统	500	3.25	2.25	2.00	2.00
建筑群子系统	2000	8.50	4.40	3.50	3.50

智能建筑综合布线工程所采用光纤的性能指标及光纤信道指标应符合设计要求。

4.2.2　光缆测试方法

1. 使用光源/光功率计测试

光源/光功率计主要用来测试光纤的损耗值。光源/光功率计的型号有很多种，可根据实际情况选择适合的仪表。

1）截断法

截断法是一种测量精度最好的方法，但需要截断光纤，可以在一个或多个波长上测试衰减。

第1步：按图4.2.1连接光源、光功率计和被测光纤。

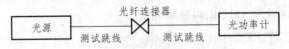

图 4.2.1　光源/光功率计测试接线图

注：光连接器件可以为工作区 TO、管理间 FD、设备间 BD、建筑群 CD 的 FC、SC、ST、LC 等连接器件。

第2步：开机预热 3～5 min，使输出光功率稳定。

第3步：按清除键，清除仪表内存数据。

第4步：设置光功率计测试单位为 dBm，波长为 nm。

第5步：记录光纤输出端（或远端）的输出光功率为 P_1（dBm）。

第6步：在不破坏输入条件的情况下，按图4.2.2连接光源、光功率计和被测光纤。

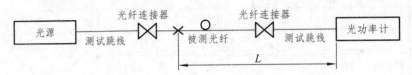

图 4.2.2　光源/光功率计测试接线图

第7步：按清除键，清除仪表内存数据。

第8步：在不破坏输入条件的情况下，在离光源几米的地方截断光纤，测试近端输出光功率 P_2，光纤的损耗（衰减）为 $\alpha = |P_1 - P_2|/L$。

第9步：重复第6步到第8步，多次测量取平均值。

2）插入法

插入法具有非破坏性的特点，但不如截断法精确。

第1步：按图4.2.3连接光源、光功率计和被测光纤。

第2步：开机预热 3～5 min，使输出光功率稳定。

第3步：按清除键，清除仪表内存数据。

第4步：设置光功率计测试单位为 dBm，波长为 nm。

第5步：记录光纤输出端（或远端）的输出光功率为 P_1。

第6步：在不破坏输入条件的情况下，按图4.2.3连接光源、光功率计和被测光纤。

图 4.2.3　光源/光功率计测试接线图

第7步：按清除键，清除仪表内存数据。

第8步：记录光纤输出端（或远端）的输出光功率为 P_2，光缆损耗（衰减）为 $\alpha = |P_1 - P_2|$。

第9步：重复第6步到第8步，多次测量取平均值。

2. 使用光时域反射仪（OTDR）测试

光时域反射仪（OTDR）主要用来测试光纤的长度、衰减、接头损耗、事件点的位置等。光时域反射仪（OTDR）的型号有很多种，本书以安捷伦 E6000C 型光时域反射仪（OTDR）为例来介绍光纤衰减常数的测量。

第 1 步：按图 4.2.4 连接 OTDR 和被测光纤。

图 4.2.4　光时域反射仪（OTDR）测试接线图

第 2 步：开启 OTDR 的电源，对 OTDR 进行参数设置，如图 4.2.5 所示。

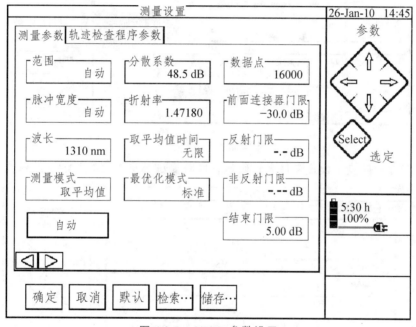

图 4.2.5　OTDR 参数设置

波长选择：光系统的行为与传输波长直接相关，不同的波长有各自不同的光纤衰减特性及在光纤连接中有不同的行为：同种光纤，1550 nm 比 1310 nm 对弯曲更敏感、1550 nm 比 1310 nm 单位长度衰减更小、1310 nm 比 1550 nm 测得熔接或连接器损耗更高。

脉冲宽度：脉宽控制 OTDR 注入光纤的光功率，脉宽越长，动态测量范围越大，可用于测量更长距离的光纤，但长脉冲也将在 OTDR 曲线波形中产生更大的盲区；短脉冲注入光平低，但可减小盲区。脉宽周期通常以 ns 来表示。

折射率：现在使用的单模光纤的折射率基本在 1.460 0 ~ 1.480 0 范围内，要根据光缆或光纤生产厂家提供的实际值来精确选择。对于 G.652 单模光纤，在实际测试时若用 1310 nm 波长，折射率一般选择在 1.468 0；若用 1550 nm 波长，折射率一般选择在 1.468 5。折射率选择不准，影响测试长度。

　　测量范围：OTDR 测量范围是指 OTDR 获取数据取样的最大距离，此参数的选择决定了取样分辨率的大小。测量范围通常设置为待测光纤长度 1～2 倍距离。

　　第 3 步：按下测试键，输出指示灯亮，测试完毕指示灯灭，曲线稳定，如图 4.2.6 所示。

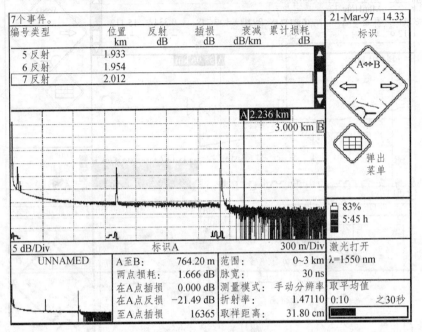

图 4.2.6　测试曲线

　　第 4 步：存储曲线（设置文件名，确认，储存测试结果），如图 4.2.7 所示。

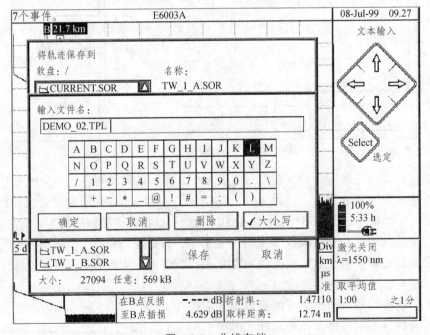

图 4.2.7　曲线存档

第 5 步：曲线分析，如图 4.2.8 所示。

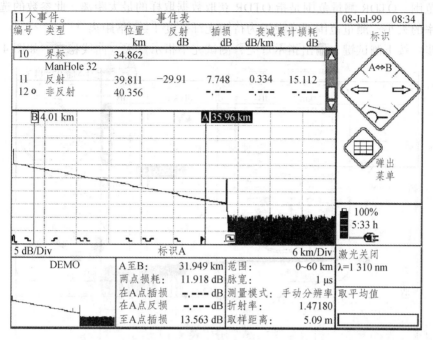

图 4.2.8　曲线分析

根据储存曲线，确定游标 AB；读取 A 点损耗值 P_1 和 B 点损耗值 P_2，单位为 dB；读取 AB 间的距离，即为光纤或光缆的长度；计算出 AB 段光纤的动态范围和衰减常数。

学习单元 4.3　常用仪表使用

【单元引入】

虽然智能建筑综合布线工程的仪表生产厂家很多，但是所设计的仪表基本功能是差不多的，本学习单元根据 GB 50314—2015 和 GB 50311—2016 要求，选择智能建筑综合布线系统工程常用的仪表进行介绍。智能建筑综合布线系统工程常用仪表包括连通性测试仪、电缆分析仪、光源、光功率计、红光源、光时域反射仪（OTDR）等。

4.3.1　电缆分析仪使用

智能建筑综合布线工程测试中，最常使用的测试仪器是 Fluke（福禄克）系列的电缆分析仪，它具功能强大、精确度高、故障定位准确等优点。Fluke 公司生产的电缆分析仪主要有 DSP 和 DTX 两个系列。DSP（数字信号处理）是第一代线缆分析仪使用的核心技术，其代表的产品有 DSP100、DSP400、DSP4000 系列等。DTX（综合了数字技术）是新一代测试仪表，其代表产品有 DTX1200、DTX1800 等。

1. 各功能键作用

本单元以 Fluke DTX-1800 电缆分析仪为例说明其使用方法，其面板图如图 4.3.1 所示。

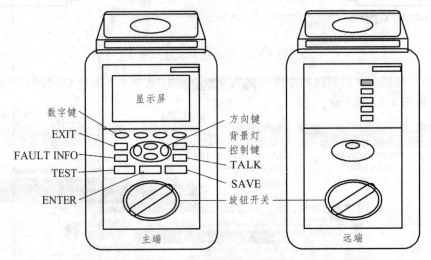

图 4.3.1　Fluke DTX-1800 电缆分析仪主机正面和侧面图

Fluke DTX-1800 电缆分析仪各功能键作用如表 4.3.1 所示。

表 4.3.1　Fluke DTX-1800 电缆分析各功能键作用

序号	按键	说明
1	旋钮开关	用于选择测试仪的工作模式
2	TEST 键	启动突出显示所选的测试或再次启动上次运行的测试
3	FAULT INFO 键	自动提供造成自动测试失败的详细信息
4	EXIT 键	退出当前屏幕，不保存修改
5	1~4 数字键	提供与当前显示相关的功能
6	显示屏	它是一个对比度可调的 LCD 显示屏
7	方向键	在屏幕中可上、下、左、右移动
8	背景灯控制键	用于背景灯控制。按住 1 s 可以显示对比度。测试仪进入休眠状态后，按该键重新启动
9	TALK 键	使用耳机可通过双绞线或光纤电缆进行双向通话
10	SAVE 键	存储自动测试结果和改变的参数
11	ENTER 键	选择菜单中突出显示的项目

2. 电缆测试步骤

本单元以 Fluke DTX-1800 电缆分析仪为例说明其使用方法，具体测试步骤如下。

第 1 步：按图 4.3.2 连接电缆分析仪和被测双绞线。

Fluke DTX-1800
电缆分析仪

主端

被测双绞线

远端

图 4.3.2　双绞线测试接线图

第 2 步：开机，显示测试的介质和标准等，如图 4.3.3 所示。选择 GB 50312—2007 Cat5e PL 标准，如图 4.3.4 所示。

图 4.3.3　开机界面　　图 4.3.4　选择测试标准　　图 4.3.5　选择双绞线类型

第 3 步：设置。将旋转开关转至 SETUP（设置），然后选择双绞线，如图 4.3.5 所示。从其选项卡中选择要测试的线缆类型，如选择 Cat 5e UTP（非屏蔽超五类双绞线）。

第 4 步：测试。将旋转开关转至 AUTOTEST，然后开启智能远端，按 TEST 键开始测试，如图 4.3.6 所示。测试完毕显示参数列表概要，如图 4.3.7 所示。

第 5 步：保存、查看、删除结果。用光标选择需要的字母/数字给测试结果命名，按下 SAVE 键保存测试结果。旋钮置于 SPECIAL FUNCTION 挡，选择并进入"查看/删除结果"，如图 4.3.8 所示。

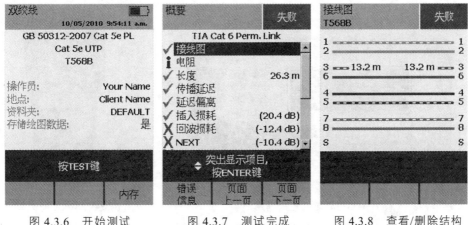

图 4.3.6　开始测试　　图 4.3.7　测试完成　　图 4.3.8　查看/删除结构

4.3.2 光源/光功率计使用

1. 用途与分类

1）稳定光源

光源在光纤测量中用于输出高稳定的光波，是光特性测试不可缺少的信号源，如图 4.3.9 所示。对现成的光纤系统，通常也可把系统的光发射端机当作稳定光源。如果端机无法工作或没有端机，则需要单独的稳定光源。稳定光源的波长应与系统端机的波长应尽可能一致。

（a）红光源　　　　　（b）JW3104 手持式光源

图 4.3.9　光源实物图

光纤通信测量中使用的稳定光源有半导体激光二极管（LD）式稳定光源和发光二极管（LED）式稳定光源，发光元件输出近红外 850 nm、1310 nm 和 1550 nm 波长的单色光。

2）光功率计

光功率计是测量光功率大小的仪表，是光纤通信系统中最基本，也是最主要的测量仪表，如图 4.3.10 所示。光功率计可直接测量光功率，与稳定化光源配合使用还可测量光纤的传输损耗和光纤元件的插入损耗。若与其他仪器设备配合使用，则可对光纤的其他各主要参数进行测量。

（a）AV6334 可编程光功率计　　　　　（b）AV2498A 光功率计

图 4.3.10　光功率计实物图

光功率计的种类很多，根据显示方式的不同，可分成模拟显示型和数字显示型两类；根据可接收光功率大小的不同，可分成高光平型（测量范围为 10～40 dBm）、中光平型（范围为 0～55 dBm）和低光平型（范围为 0～90 dBm）三类；根据光波长的不同，可分为长波长型（范围为 1.0～1.7 m）、短波长型（范围为 0.4～1.1 m）和全波长型（范围为 0.7～1.6 m）三类。此外，根据接收方式的不同，还可将光功率计分成连接器式和光束式两类。

2. 各功能键作用

本单元以 AV2498A 光源/光功率计为例说明其使用方法，其面板图如图 4.3.11 所示。

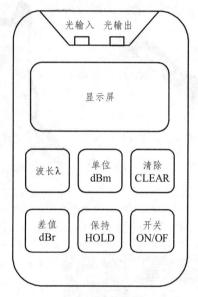

图 4.3.11　光源/光功率计面板

光源/光功率计各功能键作用如表 4.3.2 所示。

表 4.3.2　光源/光功率计各功能键作用

序号	按键	说明
1	开关	电源开关键，按此键可接通或断开仪表电源。接通电源，仪表先被初始化，随后进入测量状态
2	清除	自动清零键，自动清零完毕，则进入测量状态。在清零过程中，应关好探测器盖，防止光信号输入，否则会引起测量结果的错误
3	波长	波长选择按键，波长选择为 850 nm、1300 nm、1310 nm 和 1550 nm
4	单位	单位选择按键，以 W 或 dBm 或 dB 为单位显示测量结果
5	差值	测光衰耗时用。第一次测量的值 1（dBm），此时按下该键，机内将当前测量值进行存储，液晶屏显示 dBr。第二次测量的值 2（dBm），此时按下该键，完成 dBr = 值 2 - 值 1（dBm）的操作，屏幕显示 dBr，同时显示 dBr 的值
6	保持	保持显示当前数值

3. 操作步骤

光源/光功率计主要用来测试光纤的连续性、输入输出光功率和衰减值。光源/光功率计的型号有很多种，可根据实际情况选择适合的仪表。

第 1 步：连接光源、光功率计和被测光纤。

第 2 步：开机预热 3 ~ 5 min，使输出光功率稳定。

第 3 步：按清除键，清除仪表内存数据。

第 4 步：设置光源输出光功率（dBm）和光波长（nm）；设置光功率计测试单位（dBm）和波长（nm）。

第 5 步：在显示屏上读取测试数据并记录。

注意事项：

（1）为了保证性能测试的准确性，要求光纤跳线与光功率测试输入端口紧密连接，并且保持光纤端面的清洁。

（2）仪器在不使用的时候应关闭防尘盖。

（3）仪器内部的充电电路，可在使用直流电源供电时充电，储存超过半年的电池要定期充放电。

4.3.3 光时域反射仪（OTDR）使用

1. 用途与应用

光时域反射仪 OTDR（Optical Time Domain Reflectometer），又称后向散射仪或光脉冲测试器，它是光缆线路施工和维护中常用的测试仪器，如图 4.3.12 所示。

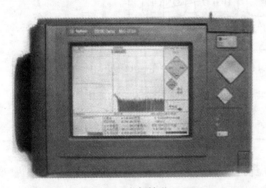 

(a) E6000 型高性能 OTDR　　　　(b) AV6416 掌上型 OTDR

图 4.3.12　光时域反射仪 OTDR 实物图

OTDR 常用来测量光纤的插入损耗、发射损耗、光纤链路损耗、光纤长度、光纤故障点的位置及光功率沿路由长度的分布情况（P-L 曲线）等，并且在屏幕上以图形曲线的形式直观地表现出来，OTDR 还可以自动存储测试结果，并自带打印机。

2. 工作原理

光时域反射仪（OTDR）是利用光线在光纤中传输时的瑞利散射所产生的背向散射而制成的精密的光电一体化仪表。

瑞利散射：当光线在光纤中传播时，由于光纤中存在着分子级大小的结构上的不均匀，光线的一部分能量会改变其原有传播方向向四周散射，这种现象被称为瑞利散射。其中又有一部分散射光线和原来的传播方向相反，被称为背向散射，如图4.3.13所示。

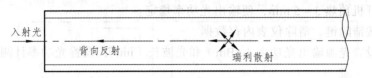

图 4.3.13　瑞利散射和背向反射

1）反射事件和非反射事件

光纤中的熔接头和微弯都会带来损耗，但一般不会引起反射。由于它们的反射较小，我们称之为非反射事件，如图4.3.14所示。

活动连接器、机械接头和光纤中的断裂点都会引起损耗和反射，我们把这种反射幅度较大的事件称之为反射事件，如图4.3.14所示。

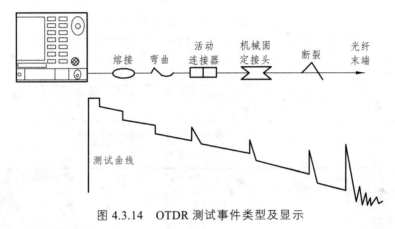

图 4.3.14　OTDR 测试事件类型及显示

2）光纤末端

第一种情况：光纤的端面平整或有活动连接器，在末端产生一个反射幅度较高的菲涅尔反射，如图4.3.15（a）所示。

第二种情况：光纤末端显示的曲线从背向反射电平简单地降到OTDR噪声电平以下。有时破裂的末端也可能会引起反射，但它的反射不会像平整端面或活动连接器带来的反射峰值那么大，如图4.3.15（b）所示。

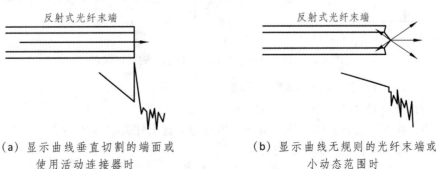

（a）显示曲线垂直切割的端面或　　　　　（b）显示曲线无规则的光纤末端或
　　　使用活动连接器时　　　　　　　　　　　　小动态范围时

图 4.3.15　两种光纤末端及曲线显示示意图

3. 仪表面板各部分的功能

本单元以 E6000 型高性能 OTDR 为例说明其使用方法，其面板图如图 4.3.16 所示。

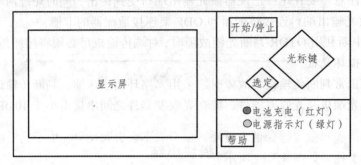

图 4.3.16　E6000 型高性能 OTDR 面板

E6000 型高性能 OTDR 各功能键作用如表 4.3.3 所示。

表 4.3.3　E6000 型高性能 OTDR 各功能键作用

序号	按键	说明
1	开始/停止	用于 OTDR 的测试开始与停止
2	光标	光标键可以围绕菜单定位或移动标识等。该键的四个角指向上、向下、向左和向右
3	选定	选定键可以选定当前突出显示的对象或激活弹出面板
4	帮助	显示当前突出显示对象的信息

4. 操作步骤及注意事项

1）操作步骤

光时域反射仪（OTDR）主要用来测试光纤的长度、衰减、接头损耗、事件点的位置等。光时域反射仪（OTDR）的型号有很多种，本书以安捷伦 E6000C 型光时域反射仪（OTDR）为例来介绍光纤衰减常数的测量。

图 4.3.17　光时域反射仪（OTDR）测试接线图

第 1 步：连接 OTDR 和被测光纤，如图 4.3.17 所示。

第 2 步：开启 OTDR 的电源，对 OTDR 进行参数设置。

第 3 步：按下运行键，输出指示灯亮，测试完毕指示灯灭，曲线稳定。

第 4 步：设置文件名，确认，储存测试结果；

第 5 步：读取储存曲线，确定游标 AB，分析曲线，判断故障原因和位置。

2）注意事项

（1）连接前应用酒精对尾纤适配器端面进行擦拭清理。

（2）连接时注意不要让尾纤适配器激光输出端口受到碰击，同时尾纤两端适配器的卡槽要对准 OTDR 激光输出端口连接适配器和 ODF 架连接适配器的卡槽。

（3）当传输中断利用 OTDR 判断光缆故障时，对端传输机房必须将尾纤与传输设备断开，以防光功率过高损坏光板。

（4）当光缆正常判断传输设备故障时，采用光路环回法压缩，判断传输设备故障时不得用尾纤直接短连光端机及光收发器件，应在光收发器件之间串接不小于 10 dB 的光衰减器。

模块小结

智能建筑综合布线系统工程的测试是一项技术性很强的工作，它不但可以作为布线系统工程验收的依据，同时也给工程业主一份质量信心。通过的线路通断测试和指标测试，能及时发现布线系统工程出现的故障，确保系统工程质量。

问题与思考

1. 简要说明基本链路测试模型、通道测试模型和永久链路测试模型的区别？

2. 电缆系统的测试主要包含哪些内容？应该使用什么仪器进行测试？

3. 光缆系统的测试主要包含哪些内容？应该使用什么仪器进行测试？

4. 什么是近端串扰？它会产生什么样的影响？

5. 双绞线的连接故障有哪些？如何排除故障？

6. 双绞线的衰减测试包括哪些？

7. 光纤光缆的损耗分为哪几类？如何测试？

8. 简要说明 OTDR 的测试原理以及使用方法。

9. 简要说明光源/光功率计使用方法。

10. 请写出智能建筑综合布线工程中 5 种常用的测试仪表并简要说明其作用。

技能训练

1. 双绞线线路全程测试

实训名称	双绞线线路全程测试
实训目的	1. 能使用电缆分析仪测试双绞线的各项参数，并记录数据。 2. 能通过曲线图分析双绞线的故障原因，并排除故障
实训仪表	电缆分析仪、光源、光功率计、光时域反射仪（OTDR）
实训内容	1. 使用电缆分析仪完成超五类双绞线网络的认证测试（包括永久链路和通道链路），并将测试结果上传至 PC，生成测试报告，分析测试结果。

实训名称	双绞线线路全程测试
	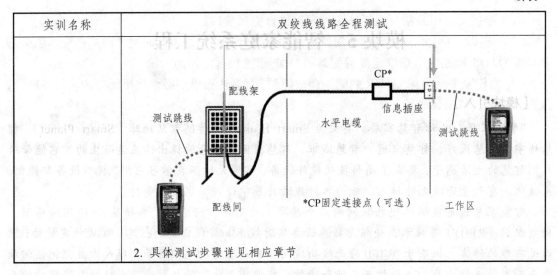
2. 具体测试步骤详见相应章节

2. 光缆线路全程测试

实训名称	光缆线路全程测试
实训目的	1. 能使用光源、光功率计、光时域反射仪（OTDR）测试光纤光缆的各项参数，并记录数据。 2. 能通过曲线图分析光缆的故障原因，并排除故障
实训仪表	测试光缆不少于 2 盘（盘长大于 2000 m），FC 型活接头若干，各种清洁套件若干，光缆备用 1 盘，光源，光功率计，光时域反射仪（OTDR），熔接机
实训内容	1. 使用光源、光功率计、光时域反射仪（OTDR）完成光纤光缆网络的测试，并记录光纤链路长度、总体损耗、各个接头点损耗，分析光纤链路的整体情况。 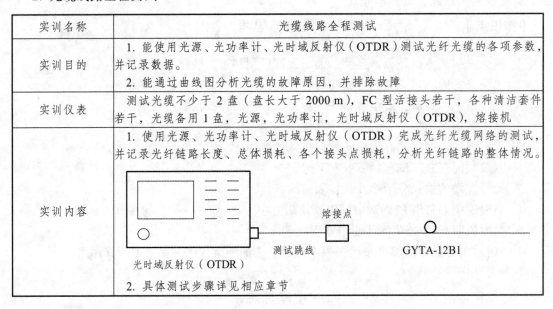 2. 具体测试步骤详见相应章节

模块5 智能家庭系统工程

【模块引入】

"智能家居"又称智慧家居，英文为 Smart Home，是伴随智慧地球（Smart Planet）、智慧楼宇，智慧医疗、智慧交通、智慧城市、智慧校园等概念的提出，应运而生的。它能带给人们智慧的生活感受，集成了高科技软硬件设备，实现无所不在学习应用，视听设备智能化、人性化，有利于资源无缝接入，能为各种先进的教学设计提供技术支持。

智能家居设备能够体现物联网的三个层次（应用层、网络层、感知层），运用传感器、射频识别（RFID）等技术，使信息传感设备实时能感知任何需要的信息，按照约定的协议，通过可能的网络（如基于 WIFI 的无线局域网、移动通信、电信网等）接入方式，把任何物品与互联网连接赶来，进行信息交换和通信，实现物与物、物与人的泛在链接，实现对物品的智慧化识别、跟踪、监控和管理。

【知识点】

（1）掌握智能家居的背景和主要功能；

（2）掌握智能开关系统、智能照明系统、智能窗帘系统、智能空调系统、智能安防系统的主要功能、特点和分类等；

（3）掌握智能家居的应用场景。

【技能点】

（1）能够根据用户需求完成智能开关系统、智能照明系统、智能窗帘系统、智能空调系统、智能安防系统等设计工作；

（2）能够根据设计图纸和施工规范完成智能开关系统、智能照明系统、智能窗帘系统、智能空调系统、智能安防系统建设和调测工作；

（3）能够完成智能开关系统、智能照明系统、智能窗帘系统、智能空调系统、智能安防系统工程验收工作。

学习单元 5.1 智能家庭系统概述

【单元引入】

智慧家庭是以家庭为载体，以家庭成员之间的亲情为纽带，利用物联网、云计算、移动互联网和大数据等新一代信息技术，实现健康、低碳、智能、舒适、安全和充满关爱的家庭生活方式。当前智慧家庭产品厂商专注于各自的擅长领域开发相应的产品，由于标准的不统一，使得智慧家庭长期处于"呼声高、落实难"的尴尬境遇。在"宽带中国"战略指导下的，光网建设已得到快速发展，在未来 ONT（光网络终端）将成为家庭中不可或缺的网络产品。

智能化的 ONT 在提供广泛性的互联基础上，可开放带宽的管道能力，满足智慧家庭的数字化信息要求。

5.1.1　智能家居的背景

智能家居作为一个新生产业，正处于一个导入期与成长期的临界点，市场消费观念还未形成，但随着智能家居市场推广普及的进一步落实，逐步培育起消费者的使用习惯，智能家居市场的消费潜力必然是巨大的，产业前景光明。智能家居在中国的发展经历的五个阶段，分别是萌芽期、开创期、徘徊期、融合演变期和爆发期。

1. 萌芽期（1994—1999 年）

这是智能家居第一个发展阶段，整个行业还处在一个概念熟悉、产品认知的阶段，这时没有出现专业的智能家居生产厂商，只在深圳有一两家从事美国 X-10 智能家居代理销售的公司开展进口零售业务，产品多销售给居住在国内的欧美用户。

2. 开创期（2000—2005 年）

先后成立了五十多家智能家居研发生产企业，主要集中在深圳、上海、天津、北京、杭州、厦门等地。智能家居的市场营销、技术培训体系逐渐完善起来，在此阶段，国外智能家居产品基本没有进入国内市场。

3. 徘徊期（2006—2010 年）

2005 年以后，由于上一阶段智能家居企业的野蛮成长和恶性竞争，给智能家居行业带来了极大的负面影响：包括过分夸大智能家居的功能而实际上无法实现，厂商只顾发展代理商却忽略了对代理商的培训和扶持导致代理商经营困难，产品不稳定导致用户高投诉率。行业用户、媒体开始质疑智能家居的实际效果，由原来的鼓吹变得谨慎，市场销售也出现增长减缓甚至部分区域出现了销售额下降的现象。2005 年—2007 年，大约有 20 多家智能家居生产企业退出了这一市场，各地代理商结业转行的也不在少数。许多坚持下来的智能家居企业，在这几年也经历了缩减规模的痛苦。而同期，国外的智能家居品牌开始进入中国市场，现在活跃在市场上的国外主要智能家居品牌都是这一时期进入的，如罗格朗、霍尼韦尔、施耐德、Control4 等。国内部分存活下来的企业也逐渐找到自己的发展方向，例如天津瑞朗，青岛爱尔豪斯，海尔，科道等，深圳索科特用 X10 做了空调远程控制，成为工业智控的厂家。

4. 融合演变期（2011—2020 年）

进入 2011 年以来，市场明显出现了增长的势头，而且大的行业背景是房地产受到调控。智能家居的放量增长说明智能家居行业进入了一个拐点，由徘徊期进入了新一轮的融合演变期。接下来的 3 ~ 5 年，智能家居一方面进入一个相对快速的发展阶段，另一方面协议与技术标准开始主动互通和融合，行业并购现象开始出来甚至成为主流。

接下来的 5 ~ 10 年，将是智能家居行业发展极为快速，但也是最不可捉摸的时期，由于住宅家庭成为各行业争夺的焦点市场，智能家居作为一个承接平台成为各方力量首先争夺的目标。但不管如何发展，这个阶段国内将会诞生多家年销售额上百亿元的智能家居企业。

5. 爆发期（2020年以后）

各大厂商已开始密集布局智能家居，尽管从产业来看，还没有特别成功、特别能代表整个行业的案例显现，这预示着行业发展仍处于探索阶段，但越来越多的厂商开始介入和参与已使得外界意识到，智能家居未来已不可逆转，智能家居企业如何发展自身优势并和其他领域的资源整合，成为企业乃至行业的"站稳"的关键要素。

5.1.2　智能家居的功能

1. 家庭自动化

家庭自动化是指利用微处理电子技术，来集成或控制家中的电子电器产品或系统，例如，照明灯、咖啡炉、计算机设备、保安系统、暖气及冷气系统、视讯及音响系统等。家庭自动化系统主要是以一个中央微处理机接收来自相关电子电器产品的信息后（外界环境因素的变化，如太阳初升或西落等所造成的光线变化等），再以既定的程序发送适当的信息给其他电子电器产品。中央微处理机必须透过许多界面来控制家中的电器产品，这些界面可以是键盘，也可以是触摸式荧幕、按钮、计算机、电话机、遥控器等；消费者可发送信号至中央微处理机，或接收来自中央微处理机的信号。

家庭自动化是智能家居的一个重要系统，在智能家居刚出现时，家庭自动化甚至就等同于智能家居，它仍是智能家居的核心之一，但随着网络技术在智能家居的普遍应用，以及网络家电/信息家电产品的成熟，家庭自动化的许多产品功能将融入这些新产品中，从而使单纯的家庭自动化产品在系统设计中越来越少，其核心地位也将被家庭网络/家庭信息系统所代替。它将作为家庭网络中的控制网络部分在智能家居中发挥作用。

2. 家庭网络

这里要把这个家庭网络和纯粹的"家庭局域网"分开来，它是指连接家庭里的PC（个人计算机）、各种外设及与因特网互联的网络系统，它只是家庭网络的一个组成部分。家庭网络是在家庭范围内（可扩展至邻居，小区）将PC、家电、安全系统、照明系统和广域网相连接的一种新技术。当前在家庭网络所采用的连接技术可以分为"有线"和"无线"两大类。有线方案主要包括：双绞线或同轴电缆连接、电话线连接、电力线连接等；无线方案主要包括：红外线连接、无线电连接、基于RF技术的连接和基于PC的无线连接等。

家庭网络相比起传统的办公网络来说，加入了很多家庭应用产品和系统，如家电设备、照明系统，因此相应技术标准也错综复杂。

3. 网络家电

网络家电是将普通家用电器利用数字技术、网络技术及智能控制技术设计改进出的新型家电产品。网络家电可以实现互联组成一个家庭内部网络，同时这个家庭网络又可以与外部互联网相连接。可见，网络家电技术包括两个层面：第一个层面就是家电之间的互联问题，也就是使不同家电之间能够互相识别，协同工作。第二个层面是解决家电网络与外部网络的通信，使家庭中的家电网络真正成为外部网络的延伸。要实现家电间互联和信息交换，可选择的方案有：电力线、无线射频、双绞线、同轴电缆、红外线、光纤。认为比较可行的网络家电包括网络冰箱、网络空调、网络洗衣机、网络热水器、网络微波炉、网络炊具等。网络家电未来的方向也是充分融合到家庭网络中去。

4. 信息家电

信息家电应该是一种价格低廉、操作简便、实用性强、带有 PC 主要功能的家电产品，也是利用计算机、电信和电子技术与传统家电（包括白色家电：电冰箱、洗衣机、微波炉等和黑色家电：电视机、录像机、音响、VCD、DVD 等）相结合的创新产品，还是为数字化与网络技术更广泛地深入家庭生活而设计的新型家用电器。信息家电包括 PC、机顶盒、HPC、超级 VCD、无线数据通信设备、WEBTV、INTERNET 电话等，所有能够通过网络系统交互信息的家电产品，都可以称之为信息家电。音频、视频和通信设备是信息家电的主要组成部分。另一方面，在传统家电的基础上，将信息技术融入传统的家电当中，使其功能更加强大，使用更加简单、方便和实用，为家庭生活创造更高品质的生活环境。比如模拟电视发展成数字电视，VCD 变成 DVD，电冰箱、洗衣机、微波炉等也将会变成数字化、网络化、智能化的信息家电。

从广义的分类来看，信息家电产品实际上包含了网络家电产品，但如果从狭义的定义来界定，可以这样做一简单分类：信息家电更多的是指带有嵌入式处理器的小型家用（个人用）信息设备，它的基本特征是与网络（主要指互联网）相连而有一些具体功能，可以是成套产品，也可以是一个辅助配件。而网络家电则是指一个具有网络操作功能的家电类产品，这种家电可以理解是我们原来普通家电产品的升级。

学习单元 5.2　智能家庭系统配置

【单元引入】

一套完整的智能家居系统由智能开关系统、智能照明系统、智能窗帘系统、智能空调、家庭安防系统和背景音乐系统等组成。辅助配置为进一步提升生活品质，一些住宅还配有家庭 TV 系统、家用中央吸尘及新风系统、宠物设备、智能卫浴系统、车库智能换气系统、自动浇花系统、自动给排水系统等智能家居系统。

5.2.1　智能开关系统

1. 功能

智能开关系统除了总控制触摸屏外，还包括其他用于控制系统的外部控制设备，如智能电器、智能窗帘、智能照明等的开关控制。智能开关有遥控器、声控开关、光感开关、温感开关、触摸屏、触摸板、普通复位开关等实现形式。智能开关系统如图 5.2.1 所示。

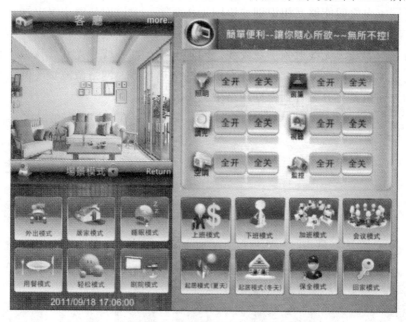

图 5.2.1 智能开关系统

（1）通过遥控器，业主可以管理家中所有的智能模块，实现无线控制、场景控制。场景编排应可根据使用者的爱好在遥控器上任意设置，无须采用其他工具。

（2）声控开关、光感开关、温感开关等通过传感器感应控制灯光和电器开闭。例如：空调温感开关可通过温度探测器测得当时室内温度，比如当温度过低时能自动打开空调调温。

（3）触摸屏、触摸板、普通复位开关为最常用的智能开关设备。

2. 关键技术

（1）电力载波开关。该开关是采用电力线来传输信号的，开关需要设置编码器，会受电力线杂波干扰，使工作十分不稳定，经常导致开关失控。同时价格很高，附加设备较多（如阻波器、滤波器等），出现问题概率也比较高，售后也比较麻烦，需要专业人士来安装维修。

（2）无线开关。采用射频方式来传输信号，开关经常受无线电波干扰，使其频率不稳定而容易失去控制，操作十分繁琐。同时价格也很高，附加设备较多（接收模块、调制解调器、集中控制器），售后也较麻烦，需要专业人士来安装维修。

（3）总线开关。该开关采用信号线来传输信号，稳定性和抗干扰能力比较强，最早的总线是把所有的电线都集中一个位置，再从这个位置分信号线到每个开关的位置（例如宾馆的床头开关），这样所带来布线安装比较麻烦，需要专业人士来安装。总线开关的优点：稳定性和抗干扰能力强，信号走专门的信号线来传输，实现开关与开关之间相互通信；采用普通开关的布线方式安装，普通电工就能安装。

（4）单火线控制是一种类似 GSM 技术的无线通信，内置发射及接收模块，单火线输入，布线方法与传统开关相同，安装方便。缺点是无法实现网络控制开关操作。

5.2.2 智能照明系统

1. 功能

智能照明系统是利用先进电磁调压及电子感应技术，对供电进行实时监控与跟踪，自动平滑地调节电路的电压和电流幅度，改善照明电路中不平衡负荷所带来的额外功耗，提高功率因素，降低灯具和线路的工作温度，达到优化供电目的照明控制系统，如图 5.2.2 所示。

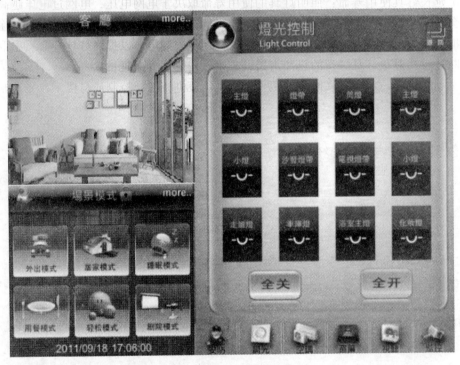

图 5.2.2　智能照明系统

（1）智能系统设有中央监控装置，对整个系统实施中央监控，以便随时调节照明的现场效果，例如系统设置开灯方案模式，并在计算机屏幕上仿真照明灯具的布置情况，显示各灯组的开灯模式和开/关状态。

（2）具有灯具异常启动和自动保护的功能。

（3）具有灯具启动时间、累计记录和灯具使用寿命的统计功能。

（4）在供电故障情况下，具有双路受电柜自动切换并启动应急照明灯组的功能。

（5）系统设有自动/手动转换开关，以便必要时对各灯组的开、关进行手动操作。

（6）系统设置与其他系统连接的接口，如建筑楼宇自控系统（BA 系统），以提高综合管理水平。

（7）具有场景预设、亮度调节、定时、时序控制及软启动、软关断的功能。随着智能系统的进一步开发与完善，其功能将进一步得到增强。

2. 特点

（1）实现照明的智能化：由于不同的区域对照明质量的要求不同，要求调整控制照度，以实现场景控制、定时控制、多点控制等各种控制方案。

（2）提高管理水平：将传统的开关控制照明灯具的通断，转变成智能化的管理，使先进的管理意识用于系统，以确保照明的质量。

（3）节约能源：利用智能传感器感应室外亮度来自动调节灯光，以保持室内恒定照度，既能使室内有最佳照明环境，又能达到节能的效果。根据各区域的工作运行情况进行照度设定，并按时进行自动开、关照明，使系统能最大限度地节约能源。

（4）延长灯具使用寿命：照明灯具的使用寿命取决于电网电压，电网过电压越高，灯具寿命将会成倍地降低，因此防止过电压并适当降低工作电压是延长灯具寿命的有效途径。系统设置抑制电网冲击电压和浪涌电压装置，并人为地限制电压以提高灯具寿命。采取软启动和软关断技术，避免灯具灯丝的热冲击，以进一步使灯具寿命延长。

（5）系统联网：可系统联网，利用上述控制手段进行综合控制或与楼宇智能控制系统联网。

5.2.3 智能窗帘系统

1. 功能

智能家居技术集成了电动窗帘、电动遮阳篷的自动控制。用户可以通过触摸屏，实现对家中所有的电动窗帘、电动遮阳篷的自动控制。当你觉得外面太阳光太大时，可以通过触摸屏关闭窗帘，或启动遮阳篷，避免太多的光线进入室内。你也可以通过光照度感应器来实现窗帘、遮阳篷的自动感应控制，当检测到室内光线太暗时，系统自动打开窗帘、遮阳篷，使得室内保持足够的光线。智能窗帘系统如图 5.2.3 所示。

图 5.2.3 智能窗帘系统

（1）保护私隐。对于一个家庭来说，谁都不喜欢自己的一举一动在别人的视野之内。从这点来说，不同的室内区域，对于私隐的关注程度又有不同的标准。客厅这类家庭成员公共活动区域，对于私隐的要求就较低，大部分的家庭客厅都是把窗帘拉开，大部分情况下处于装饰状态。而对于卧室、洗手间等区域，人们不但要求看不到，而且要求连影子都应看不到。这就造成了不同区域的窗帘选择不同的问题。客厅我们可能会选择偏透明的一款布料，而卧室则选用较厚质的布料。

（2）利用光线。这里所说的利用光线，是指在保护私隐的情况下，有效地利用光线的问题。例如一楼的居室，大家都不喜欢外面的行人走来走去都看到室内的一举一动，但长期拉着厚厚的窗帘又影响自然采光。所以类似于纱帘一类的轻薄帘布就应运而生了。

（3）装饰墙面。窗帘对于很多普通家庭来说，是墙面的最大装饰物。尤其是对于一些"四白落地"的一些简装家庭来说，除了几幅画框，可能墙面上的东西就剩下窗帘了。所以，窗帘的选择漂亮与否，可能往往有着举足轻重的作用。同样，对于精装的家庭来说，合适的窗帘将使得家居更漂亮更有个性。

（4）吸音降噪。我们知道，声音的传播时，高音是直线传播的，而窗户玻璃对于高音的反射率也是很高的。所以，有适当厚度的窗帘，将可以改善室内音响的混响效果。同样，厚窗帘也有利于吸收部分来自外面的噪音，改善室内的声音环境。

2. 分类

（1）按安装方式分。

可以分为内置式和外置式。看不到电机的是内置式，电动机明眼可以看见的就叫作外置式，用户应选择最合理的方式进行安装，达到安全美观的效果。

（2）按升降方式分。

可以分为升降帘系列、电动遮阳篷、开合帘系列、电动遮阳板、天棚帘等系列，具体如百叶帘、卷帘、罗马帘、柔纱帘、风情帘、蜂巢帘等。电动窗帘的升降和拉开方式多种多样，用户可以根据自己的方式去选择适合的形式。

（3）按系统方式分。

可以分为轨道系统、控制系统和装饰布帘。

（4）按驱动方式分。

可以分为直流电机驱动、交流电机驱动和电磁驱动等方式。

5.2.4 智能空调系统

1. 功能

智能空调是具有自动调节功能的空调。智能空调系统能根据外界气候条件，按照预先设定的指标对温度、湿度、空气清洁度传感器所传来的信号进行分析、判断，及时自动打开进行制冷、加热、去湿及空气净化等功能，如图 5.2.4 所示。

在中央控制系统中加入了空调控制网管，实现全屋空调的统一控制。同时，不影响空调系统自身的独立控制和使用。空调专用能效系统将对家居冷暖系统的运行状态、运行参数及屋内外环境温湿度实行全天候的自动监测，同时根据室外温湿度变化在不同季节自动改变温度设定值。中央控制系统的控制软件可以调节、收集、记录、保存及管理有关空调系统的信息及数据。

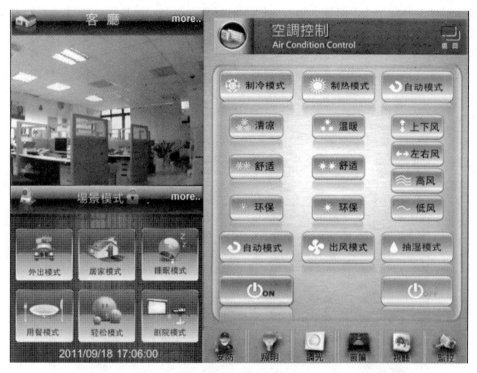

图 5.2.4　智能空调系统

2. 特点

（1）采用温度和时间为输入输出混合控制源，与温度自动补偿技术相结合，使得设备运行始终处在监控之下，充分提高节能效率。

（2）采用可编程智能化控制，操作简单便捷，和原有的使用习惯不相冲突，同时，无须对设备进行重新安装调试，更无须拆卸重组，改变空调的原有结构，造成不必要的损坏。

（3）实现冬季制热、夏季制冷功能全部智能化自动控制，省去了使用传统空调对各种复杂的附加功能的设定与调节，无须人工操作，简易方便。

（4）智能监控室内温度、湿度、负离子含量，有效预防和减少空调病的发病率。根据人体的不同状态与生活习惯进行模式设定，始终提供最舒适与最健康的环境，提高工作与生活质量，减少疾病的发生率。

（5）智能调控空调压缩机的运行曲线和空调智能终端的辅助补氧与补湿功能，不仅起到了最大化节能的效果，而且对负氧离子的释放与湿度的调控对人体的健康有积极的作用。

（6）全智能调节操作，完全不必通过调节温度的方式来达到节能的效果，因此不影响人体的舒适度，系统的综合节能率可达到 5%～40%。

（7）智能环境模式选择多样化，可以根据需要任意设定适合工作或生活环境下的运行状态，达到舒适、健康、节能的多重效果。

5.2.5 智能安防系统

1. 系统概述

智能安防系统可以简单理解为：将图像数据的传输、存储和处理综合在一起的系统。就智能化安防系统来说，一个完整的智能安防系统主要包括门禁、报警和监控三大部分。智能安防与传统安防的最大区别在于智能化，我国安防产业发展很快，也比较普及，但是传统安防对人的依赖性比较强，非常耗费人力，而智能安防能够通过机器实现智能判断，从而尽可能满足人们需求。家庭安防系统如图5.2.5所示。

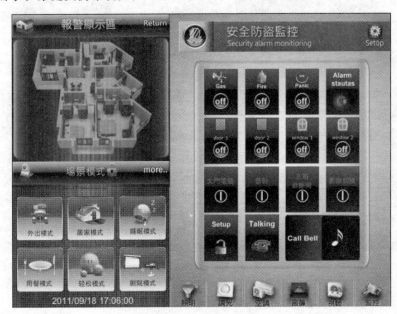

图 5.2.5　家庭安防系统

安防监控系统是应用光纤、同轴电缆或微波在其闭合的环路内传输视频信号，并从摄像到图像显示和记录构成独立完整的系统。它能实时、形象、真实地反映被监控对象，不但极大地延长了人眼的观察距离，而且扩大了人眼的机能，它可以在恶劣的环境下代替人工进行长时间监视，让人能够查看被监视现场发生的一切情况，并通过录像机记录下来。同时报警系统设备对非法入侵进行报警，产生的报警信号输入报警主机，报警主机触发监控系统录像并记录。

2. 图像监控功能

（1）视像监控。采用各类摄像机、切换控制主机、多屏幕显示、模拟或数字记录装置、照明装置，对内部与外界进行有效的监控，监控部位包括要害部门、重要设施和公共活动场所。

（2）影像验证。在出现报警时，显示器上显示出报警现场的实况，以便直观地确认报警，并做出有效的报警处理。

（3）图像识别系统。在读卡机读卡或以人体生物特征作凭证识别时，可调出所存储的员工相片加以确认，并通过图像扫描比对鉴定来访者。

3. 探测报警功能

（1）内部防卫探测。所配置的传感器包括双鉴移动探测器、被动红外探测器、玻璃破碎探测器、声音探测器、光纤回路、门接触点及门锁状态指示等。

（2）周界防卫探测。精选拾音电缆、光纤、惯性传感器、地下电缆、电容型感应器、微波和主动红外探测器等探测技术，对围墙、高墙及无人区域进行保安探测。

（3）危急情况监控。工作人员可通过按动紧急报警按钮或在读卡机输入特定的序列密码发出警报。通过内部通信系统和闭路电视系统的联动控制，将会自动地在发生报警时产生声响或打出电话，显示和记录报警图像。

（4）图形鉴定。监视控制中心自动地显示出楼层平面图上处于报警状态的信息点，使值班操作员及时获知报警信息，并迅速、有效、正确地进行接警处理。

4. 控制功能

（1）对于图像系统的控制，最主要的是图像切换显示控制和操作控制，控制系统结构有：中央控制设备对摄像前端——对应的直接控制，中央控制设备通过解码器完成的集中控制。

（2）识别控制。

① 门禁控制。可通过使用 IC 卡、感应卡、威根卡、磁性卡等类卡片对出入口进行有效的控制。除卡片之外还可采用密码和人体生物特征，对出入事件能自动登录存储。

② 车辆出入控制。采用停车场监控与收费管理系统，对出入停车场的车辆通过出入口栅栏和防撞挡板进行控制。

③ 专用电梯出入控制。安装在电梯外的读卡机限定只有具备一定身份者方可进入，而安装在电梯内部的装置，则限定只有授权者方可抵达指定的楼层。

（3）响应报警的联动控制。这种联动逻辑控制，可设定在发生紧急事故时关闭控制室、主门等键出入口，提供完备的保安控制功能。

5. 自动化辅助功能

（1）内部通信。内部通信系统提供中央控制室与员工之间的通信功能。这些功能包括召开会议、与所有工作站保持通信、选择接听的副机、防干扰子站及数字记录等功能，它与无线通信、电话及闭路电视系统综合在一起，能更好地行使鉴定功能。

（2）双向无线通信。双向无线通信为中央控制室与动态情况下的员工提供灵活而实用的通信功能，无线通信机也配备了防袭报警设备。

（3）有线广播。采用矩阵式切换设计，在一定区域内灵活地提供播放音乐、传送指令、广播紧急信息等功能。

（4）电话拨打。在发生紧急情况下，提供向外界传送信息的功能。当手提电话系统有冗余时，与内部通信系统的主控制台综合在一起，提供更有效的操作功能。

（5）巡更管理。巡更点可以是门锁或读卡机，巡更管理系统与闭路电视系统结合在一起，检查巡更员是否到位，以确保安全。

（6）员工考勤。读卡机能方便地用于员工上下班考勤，该系统还可与工资管理系统联网。

（7）资源共享与设施预订。使保安管理系统、楼宇管理系统和办公室自动化管理系统联网，可提供进出口、灯光和登记调度的综合控制，以及有效地共享会议室等公共设施。

学习单元 5.3　智能家居应用场景

【单元引入】

　　智慧家庭最终目的是让家庭更舒适、更方便、更安全、更符合环保。随着人类消费需求和住宅智能化的不断发展，今天的智能家居系统将拥有更加丰富的内容，系统配置也越来越复杂。智能家居包括网络接入系统、防盗报警系统、消防报警系统、电视对讲门禁区系统、煤气泄漏探测系统、紧急求助系统、远程医疗诊断及护理系统、室内电器自动控制管理及开发系统、集中供冷热系统、网上购物系统、网上教育系统、股票操作系统、视频点播、付费电视系统、有线电视系统等。

5.3.1　区域场景应用

1. 门厅应用

　　（1）设备设置：室内机、灯光控制、安防系统、指纹锁、空调地暖、室内 WiFi 覆盖、彩色触摸屏，如图 5.3.1 所示。

图 5.3.1　入户门厅应用

　　（2）功能描述：

　　① 主人在入户门口，按下智能门锁的指纹辨识器，入户门打开。

　　② 进门后进行安防系统撤防，出门时安防系统布防。

　　③ 安防系统报警，布防 LCD 屏幕上显示报警区域。

　　④ 6 键场景触控面板，"在家模式"：灯光受控；"离家模式"：关闭所有的灯光，空调，灯光电器自动设定到节能模式或关闭、离家设防、回家撤防。

　　⑤ 可视智能终端，完成与访客对讲、开门功能。

　　⑥ 通过彩色触摸屏、平面图：浏览别墅中的各个系统；控制各个区域的灯光；查看视频监视；调节客厅空调温度；设定背景音乐系统。

2. 客厅应用

　　（1）设备设置：灯光控制、安防系统、空气检测、家电控制、电动窗帘、背景音乐、语音控制、空调地暖、室内 WiFi 覆盖、彩色触摸屏，如图 5.3.2 所示。

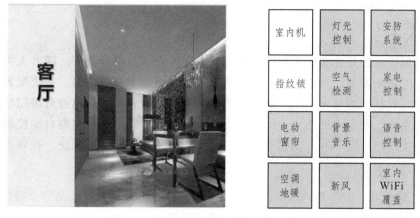

室内机	灯光控制	安防系统
指纹锁	空气检测	家电控制
电动窗帘	背景音乐	语音控制
空调地暖	新风	室内WiFi覆盖

图 5.3.2　客厅应用

（2）功能描述：

① 用 1 只触控开关取代普通的多个开关，客厅设计出如下场景：会客、休闲、明亮、全关等；餐厅设置如下多个场景：用餐、酒会、烛光、全关等。不同场合实现灯光瞬息变换。

② 通过 LCD 背景音乐面板，随时选定不同的音乐播放，并可调节音量的大小。

③ 灯光和窗帘同样可以通过 RF 遥控器轻松操作。

④ 如果发生危险的事情，可以触动紧急按钮报警。报警时，触摸屏显示报警区域，拨打指定的电话，并发送报警信息到手机，输入密码，可以消除报警。

⑤ 电动窗帘的角度可以通过遥控器、触摸屏控制，也可以定时控制，如每到晚上就自动关上，天亮时自动打开。

3. 厨房应用

（1）设备设置：灯光控制、安防系统、空调地暖、室内 WiFi 覆盖、彩色触摸屏，如图 5.3.3 所示。

室内机	灯光控制	安防系统
指纹锁	空气检测	家电控制
电动窗帘	背景音乐	语音控制
空调地暖	新风	室内WiFi覆盖

图 5.3.3　厨房应用

（2）功能描述：

① 通过开关模块控制厨房的灯光。同时，开关是连接到灯光控制系统中的，可以通过灯光系统进行控制。

② 厨房可视分机。主人做饭时也可以收听音乐；客人来了，厨房可视分机可以直接查看来访者。

③ 在烟雾浓度超标时，发出报警。

④ 所有报警和灯光系统联动，报警发生时，整个房屋灯光通明，提醒主人。

⑤ 烟雾探测器：监测烟雾浓度，一旦超标则会高音报警通知主人，防范火灾。

⑥ 可燃气体探测器：监测燃气状态，一旦监测到泄露则会高音报警通知主人，并会联动关闭燃气阀门，保证家中安全。

⑦ 水浸传感器：监测是否漏水，当探头监测到水高度超标，则会高音报警，防范水灾。

⑧ 智能插座：晚上将电饭煲、面包机、豆浆机的食材准备好，开启定时功能，第二天早上起来就可以享受完美的早餐。

4. 主卧应用

（1）设备设置：灯光控制、安防系统、家电控制、电动窗帘、背景音乐、语音控制、空调地暖、室内 WiFi 覆盖、智能插座、彩色触摸屏，如图 5.3.4 所示。

图 5.3.4　主卧应用

（2）功能描述：

① 卧室的灯光比较简单，可以通过双路开关，控制卧室的 2 路灯光。同时，开关是连接到灯光控制系统中的，可以通过灯光系统进行控制。

② 床头设置场景开关，设计如下场景：休闲、温馨、看书、休息、起夜、全关。按下"起夜"模式，卧室的小夜灯缓缓点亮，而不会打扰伴侣的休息，同时通向卫生间的走廊灯光也已经亮起。在主人经过后，灯光自动熄灭。

③ 床头设置背景音乐面板，随时选定不同的音乐，CD、MP3、FM 播放模式任意选择，并可调节音量的大小。定时功能，通过一段轻音乐，让主人在早上按时起床。

④ 空调可通过温控器，设定启停、温度、风速、模式。

⑤ 液晶电视不但可以观看有线电视、卫星频道、DVD 等，也可以随时切换到视频监控

画面，查看大门和庭院的动静。

⑥ 电动窗帘的角度可以通过遥控器、触摸屏控制，也可以定时控制：如每到晚上就自动关上，天亮时自动打开。

⑦ 智能插座管理两个床头灯，同时连接到控制系统当中，可实现"起夜""全关"等功能。

5. 书房应用

（1）设备设置：灯光控制、背景音乐、语音控制、空调地暖、室内 WiFi 覆盖、智能插座、彩色触摸屏，如图 5.3.5 所示。

图 5.3.5　书房应用

（2）功能描述：

① 书房的灯光比较简单，我们通过双路开关，控制客卧的 2 路灯光。同时，开关是连接到灯光控制系统中的，可以通过灯光系统进行控制。

② 通过 LCD 背景音乐面板，随时选定不同的音乐，CD、MP3、FM 播放模式任意选择，并可调节音量的大小。

③ 电动窗帘的角度可以通过遥控器、触摸屏控制，也可以定时控制：如每到晚上就自动关上，天亮时自动打开。

5.3.2　应用场景案例

1. 三室平层基本全配置案例

三室平层基本全配置示例如图 5.3.6 所示。

1）入户门指纹锁

利用指纹的唯一性，可以彻底地解决钥匙互开和私配钥匙这两个影响锁具安全的问题，利用指纹的随身携带和终生不变给使用者带来更多便捷。通过软件与手机连接，还能在主人不在家的情况下，通过远程操控来为串门的亲朋好友开门。当门锁被非法打开，即使你在千里之外，手机也会收到报警。

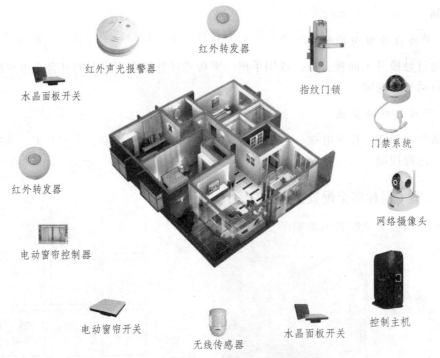

红外声光报警器　　　红外转发器　　　指纹门锁

水晶面板开关

门禁系统

红外转发器

网络摄像头

电动窗帘控制器

电动窗帘开关　　　无线传感器　　　水晶面板开关　　　控制主机

图 5.3.6　三室平层基本全配置示例图

2）网关

网关是智能家居的"大脑"，采用国际通用 ZigBee 通信协议，传输速率稳定，网络扩充性强，绝不串频。支持安卓、iOS 手机操作系统。

3）室内无线网络摄像机

智能摄像机监控设备，具备远程视频、视频录制功能，能与手机、计算机进行实时音频对话，还能通过手机或平板调动摄像机 360°旋转查看摄影。

4）红外线幕帘

智能家庭安防设备，红外感应热源报警，可实现场景控制，设备联动，手机开启或关闭设防。

5）无线声光报警器

通过网络连接与红外幕帘联动，有感应到入侵时，启动喇叭发音警告，透过声光报警器报警。如果家里安装了智能灯光控制系统和窗帘控制系统的情况下，还可在设置启动声光报警的同时，让房间所有灯光同时自动全部开启，窗帘自动打开，施加强大的震慑作用。

6）无线智能控制开关

控制窗帘的开合、电灯的照明等。联机后可通过网络远程开关灯光，可调节灯光亮度，还可远程看到灯光的亮灭状态，一键控制灯光。

7）无线智能控制插座

对连接插座的电器如热水器、空调、电风扇、咖啡壶加温器等进行定时开关、场景控制、远程控制。

8）无线自动窗帘控制器

可通过触摸开关面板遥控，或用手机、平板式计算机操控窗帘的开合，也可配合预定场景模式自动开合窗帘。

9）无线红外转发器

具备学习功能，控制电视、空调、投影仪、DVD等红外电器，定时开关，场景控制，设备联动，远程控制。

2. 三室平层标准全配置案例

三室平层标准全配置示例如图5.3.7所示。

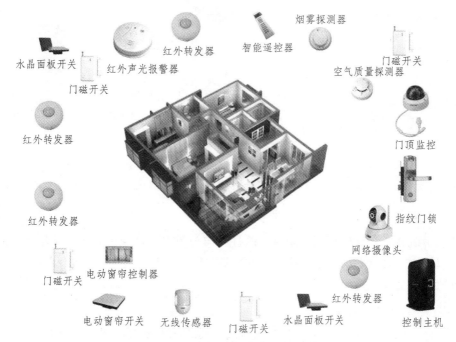

图5.3.7　三室平层标准全配置示例图

1）入户门指纹锁

利用指纹的唯一性，可以彻底地解决钥匙互开和私配钥匙这两个影响锁具安全的问题，利用指纹的随身携带和终生不变给使用者带来更多便捷。通过软件与手机连接，还能在主人不在家的情况下，远程操控为来串门的亲朋好友开门。当门锁被非法打开，即使你在千里之外，手机也会收到报警。一旦手机丢失，因为设置密码，其他人根本无法打开。对于安全，智能锁具有更完善的保护机制，任何人动锁、上锁、反锁，你和家人都可以及时掌握。

2）网关

智能家居的"大脑"，采用国际通用ZigBee通信协议，传输数率稳定，网络扩充性强，绝不串频。支持安卓、IOS手机操作系统。

3）室内无线网络摄像机

智能摄像机监控设备，具备远程视频、视频录制，并且能与手机、电脑进行实时音频对话，并能通过手机或平板调动摄像机360度旋转查看摄影。

4）红外线幕帘

智能家庭安防设备，红外感应热源报警，可实现场景控制，设备联动，手机开启或关闭设防。

5）无线声光报警器

通过网络连接与红外幕帘联动，有感应到入侵时，启动喇叭发音警告，透过声光报警器报警。如果家里安装了智能灯光控制系统和窗帘控制系统的情况下，还可在设置启动声光报警时，让房间所有灯光同时自动全部开启，窗帘自动打开，施加强大的震慑作用。

6）烟雾探测器

当烟雾智能探测设备感应到烟雾异常时，发出报警信号，并联网自动开启窗户通风。

7）门、窗磁感应器

在设防状态下，窗户被打开，系统会发出报警信息，自动联机启动喇叭发音警告，通过声光报警器报警，并联网开启房间所有灯光，窗帘自动打开，施加强大的震慑作用。

8）无线自动窗帘控制器

可通过触摸开关面板遥控，定时或用手机、平板式计算机操控窗帘的开合，也可配合预定场景模式自动开合窗帘。

9）无线智能开窗机

可通过手机或者计算机远程控制窗户的打开与关闭，不管身在何处手指轻轻一按，窗户窗帘自在掌控中。刮风下雨不用再担心，通风透气随心操作。针对窗户形态不同，有推式和平移式开窗机可选。

10）无线智能控制插座

对连接插座的电器如热水器、空调、电风扇、咖啡壶加温器等进行定时开关、场景控制、远程控制。

11）无线智能控制开关

控制窗帘的开合、电灯的照明等。联机后可通过网络远程开关灯光，可调节灯光亮度，还可远程看到灯光的亮灭状态，一键控制灯光。

12）无线红外转发器

具备学习功能，控制电视、空调、投影仪、DVD等红外电器，定时开关，场景控制，设备联动，远程控制。

13）红外综合遥控器

可选配。家中有老人、小孩等不方便使用手机操作，还可选配使用内置模式的遥控器控制无线智能家居。

3. 别墅基本配置案例

别墅基本配置示例如图 5.3.8 所示。

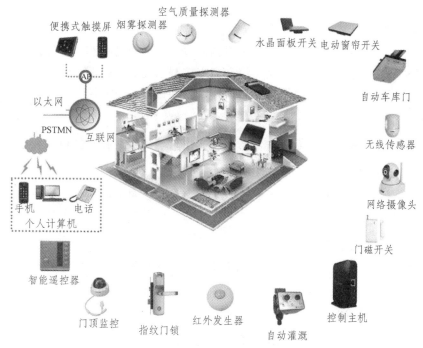

图 5.3.8　别墅基本配置示例图

1）入户门指纹锁

利用指纹的唯一性，可以彻底地解决钥匙互开和私配钥匙这两个影响锁具安全的问题，利用指纹的随身携带和终生不变给使用者带来更多便捷。通过软件与手机连接，还能在主人不在家的情况下，远程操控为来串门的亲朋好友开门。当门锁被非法打开，即使你在千里之外，手机也会收到报警。一旦手机丢失，因为设置密码，其他人根本无法打开。对于安全，智能锁具有更完善的保护机制，任何人动锁、上锁、反锁，你和家人都可以及时掌握。

2）远程门禁系统

功能说明：通过网络与指纹锁结合在一起，安装在门上。具备远程实时视频（实时监控），远程可视门铃，远程可视对讲，远程数据回传（报警功能），远程开锁等功能。

3）网关

智能家居"大脑"，采用国际通用 Zigbee 通信协议，传输速率稳定，网络扩充性强，绝不串频。支持安卓、ios 手机操作系统。

4）室内无线网络摄像机

智能摄像机监控设备，具备远程视频、视频录制，并且能与手机、计算机进行实时音频对话，并能通过手机或平板调动摄像机 360 度旋转查看摄影。

5）红外线幕帘

智能家庭安防设备，红外感应热源报警，可实现场景控制，设备联动，手机开启或关闭设防。

6）无线声光报警器

通过网络连接与红外幕帘联动，有感应到入侵时，启动喇叭发音警告，透过声光报警器报警。如果家里安装了智能灯光控制系统和窗帘控制系统的情况下，还可在设置启动声光报警时，让房间所有灯光同时自动全部开启，窗帘自动打开，施加强大的震慑作用。

7）烟雾探测器

当烟雾智能探测设备感应到烟雾异常时，发出报警信号，并联网自动开启窗户通风。

8）门、窗磁感应器

在设防状态下，窗户被打开，系统会发出报警信息，自动联机启动喇叭发音警告，通过声光报警器报警，并联网开启房间所有灯光，窗帘自动打开，施加强大的震慑作用。

9）无线自动窗帘控制器

可通过触摸开关面板遥控，定时或用手机、平板式计算机操控窗帘的开合，也可配合预定场景模式自动开合窗帘。

10）无线智能开窗机

可通过手机或者电脑远程控制窗户的打开与关闭，不管身在何处手指轻轻一按，窗户窗帘自在掌控中。刮风下雨不用再担心，通风透气随心操作。针对窗户形态不同，有推式和平移式开窗机可选。

11）无线智能控制插座

对连接插座的电器如热水器、空调、电风扇、咖啡壶加温器等进行定时开关、场景控制、远程控制。

12）无线智能控制开关

控制窗帘的开合、电灯的照明等。联机后可通过网络远程开关灯光，可调节灯光亮度，还可远程看到灯光的亮灭状态，一键控制灯光。

13）无线红外转发器

具备学习功能，控制电视、空调、投影仪、DVD 等红外电器，定时开关，场景控制，设备联动，远程控制。

14）无线空气质量探测器

用于探测室内环境温湿度以及空气中如二氧化碳等有害气体浓度变化，能提醒用户或自主联动相关传感器，开启或关闭门窗、空调、加湿器、新风设备等，为用户营造出一个良好的生活环境。

15）无线紧急按钮

紧急求助功能，多用于老人或小孩，紧急呼叫，灵活撤防或布控。

16）智能浇灌系统

通过与无线温度湿度传感器实时数据的链接，结合光照传感器，自定浇灌时间，自动调节水量大小，实现智能化浇灌。

17）室外无线电子栅栏

360°全方位设防，没有任何安全盲区和死角。可隐藏安装在花丛灌木丛中，让入侵者无法发现。利用太阳能供电，无须外接电源。

18）车库自动卷闸门

可用手机遥控或者通过感应器自动打开车库门，还可以设定时间自动关闭车门，或者与入户门开关联动，入户门开启则车库门关闭，让车库门开关更加智能方便。

模块小结

智能家居系统是利用先进的计算机技术、网络通信技术、智能云端控制、综合布线技术、医疗电子技术依照人体工程学原理，融合个性需求，将与家居生活有关的各个子系统如安防、灯光控制、窗帘控制、煤气阀控制、信息家电、场景联动、地板采暖、健康保健、卫生防疫、安防保安等有机地结合在一起，通过网络化综合智能控制和管理，实现"以人为本"的全新家居生活体验。

问题与思考

1. 智能家庭系统发展历史进过了哪几个阶段？
2. 智能家庭系统包括哪些主要功能？
3. 智能开关系统有哪些主要功能？如何在智能家庭的场景中设计？有哪些常见问题？
4. 智能照明系统有哪些主要功能？如何在智能家庭的场景中设计？有哪些常见问题？
5. 智能窗帘系统有哪些主要功能？如何在智能家庭的场景中设计？有哪些常见问题？
6. 智能空调系统有哪些主要功能？如何在智能家庭的场景中设计？有哪些常见问题？
7. 智能安防系统有哪些主要功能？如何在智能家庭的场景中设计？有哪些常见问题？
8. 智能家庭系统工程施工的过程中需要注意哪些问题？
9. 智能家庭系统检测内容包括哪些？
10. 智能家庭系统工程的验收工作包括哪几个阶段？

技能训练

实训名称	智能家庭系统设计方案
实训目的	1. 学会分析用户需求，提出设计方案。 2. 学会使用 AutoCAD 软件，依据设计方案和现场勘察的情况绘制工程图纸。 3. 学会套用信息通信工程概预算定额，依据设计方案和工程图纸编制工程概预算

实训名称	智能家庭系统设计方案
实训条件	实地现场勘察、概预算软件、AutoCAD 软件
实训内容	1. 以 3 人小组（其中 1 人负责方案书编制、1 人负责概预算编制、1 人负责工程图纸绘制）为单位组织教学，任课教师可以在学习本章节时布置本实训任务，学生边学习后续章节，边进行智能家庭系统设计，待本模块结束时学生再提交设计方案书、概预算和图纸。 2. 每个学生小组可以任选智能家庭系统设计内容，也可以有任课教师指定设计内容。 3. 方案书包括设计原则、设计依据、用户需求分析、产品选型、智能开关系统、智能照明系统、智能窗帘系统、智能空调系统、智能安防系等，具体案例见教材相应章节。 4. 工程概预算需要填写表一、表二、表三（甲、乙、丙）、表四和表五，可以使用预算软件，也可以手工计算，具体案例见信息通信工程概预算定额册及费用定额册。 5. 工程图纸采用 AutoCAD 软件绘制，需要绘制管线图、系统图、建筑平面图、机柜设备布置图，具体案例见相应章节

模块6 智能监控系统工程

【模块引入】

视频监控系统是通过遥控摄像机及其辅助设备（光源等）直接查看被监视场所的情况，把被监视场所的图像及声音同时传至监控中心，使被监控场所的情况一目了然，便于及时发现、记录和处置异常情况的一种电子系统或网络系统。

视频监控系统的应用领域非常广泛，不仅用于金融、文博、军事、珠宝商场、宾馆等行业的安全保卫，也用于公安、交通、医疗、机场车站港口、工厂等行业的安全生产及现场管理。概括地说，视频监控系统的作用主要就是对被监控的场景实施实时监视和监听，同时实时地记录场景情况的变化，以便事后查证。

【知识点】

（1）掌握智能监控系统的发展历史、特点、功能、组成和架构；

（2）掌握智能监控系统工程的施工工艺流程和施工准备工作内容；

（3）掌握智能监控系统工程验收标准和验收要点。

【技能点】

（1）能够根据用户需求完成前端摄像、信号传输、控制设备、存储设备和显示设备等设计工作；

（2）能够根据设计图纸和施工规范完成路由通道敷设、线缆布防、前端设备安装、控制中心设备安装、设备接线、调试等工作；

（3）能够验收要点完成工程验收工作。

学习单元 6.1 智能监控系统概述

【单元引入】

智能监控系统主要由前端设备、传输线路和后端设备三大部分组成。前、后端设备有多种构成方式，它们之间的联系（即传输线路）可通过双绞线、同轴电缆、光纤或微波等多种方式来实现。

6.1.1 智能监控系统的描述

1. 监控系统发展历史

视频监控系统发展用了短短几十年时间，从模拟监控到数字监控再到网络视频监控，发生了翻天覆地变化。从技术角度出发，视频监控系统发展划分为第一代模拟视频监控系统

（CCTV），到第二代基于"PC+多媒体卡"数字视频监控系统（DVR），到第三代完全基于IP网络视频监控系统（IPVS）。

1）第一代视频监控

传统模拟闭路视监控系统（CCTV）：依赖摄像机、线缆、录像机和监视器等专用设备。例如，摄像机通过专用同轴缆输出视频信号并连接到专用模拟视频设备，如视频画面分割器、矩阵、切换器、卡带式录像机（VCR）及视频监视器等。模拟CCTV存在大量局限性：有限监控能力，只支持本地监控，受到模拟视频缆传输长度和线缆放大器限制；有限可扩展性，系统通常受到视频画面分割器、矩阵和切换器输入容量限制；录像负重用户必须从录像机中取出录像带保存，且录像带易于丢失、被盗或无意中被擦除；录像质量不高；录像质量随着拷贝数量增加而降低。

2）第二代视频监控

"模拟-数字"监控系统（DVR）："模拟-数字"监控系统是以数字硬盘录像机DVR为核心的半模拟-半数字方案，从摄像机到DVR仍采用同轴缆输出视频信号，通过DVR同时支持录像和回放，并可支持有限IP网络访问，由于DVR产品五花八门，没有标准，所以这一代系统是非标准封闭系统。

DVR系统仍存在大量局限：①"模拟-数字"方案仍需要在每个摄像机上安装单独视频缆，导致布线复杂。有限可扩展性DVR典型限制是一次最多只能扩展16个摄像机。② 有限可管理性仍需要外部服务器和管理软件来控制多个DVR或监控点。有限远程监视/控制能力仍不能从任意客户机访问任意摄像机，用户只能通过DVR间接访问摄像机。"模拟-数字"监控（DVR）方案录像没有保护，易于丢失。

3）第三代视频监控

第三代视频监控系统以网络为依托，以数字视频的压缩、传输、存储和播放为核心，以智能实用的图像分析为特色，并与报警系统、门禁系统完美地整合到一个使用平台上，引发了视频监控行业的一次技术革命，迅速受到了安防行业和用户的关注。与第一代传统闭路电视监控系统（CCTV）和第二代半数字式监控系统（DVR）相比，第三代监控系统基于TCP/IP网络协议，以分布式的概念出现，将监控模式拓展为分散与集中相结合，无限度地拓展了监控的范围。

在硬件设备方面，第三代系统运用了更为先进的D/A、A/D转换设备视频服务器，或内置处理器的网络摄像机把图像处理（采集、压缩、协议转换、传输）设置在监控点，利用无处不在互联网和局域网，达到全网范围内的即插即用，实现了从图像采集、传输、录像到最终输出的全过程数字化。该系统也更加稳定，因而是真正意义的全数字网络监控系统。特别适用于现场环境恶劣或不便于直接深入现场的场合。在实际运用中可以完美地解决跨地域的监控需求。安防系统常常因使用的需求增加而必须做规模上扩充，因此前置规划与预期容量的考量直接关系到未来扩充成本的高低。

2. 监控系统功能

（1）实时视频浏览：单画面、多画面、不规则画面实时浏览，在地图上浏览实时视频，通过用户远程推送浏览实时视频、录像视频，浏览同时可进行局部放大或清晰化操作。对录像视频可通过文件、时间、标记等多种条件进行检索和回放，同时可对录像视频文件进行编辑及格式转换，如图 6.1.1 所示。

（2）权限管理。用户认证：通过用户身份认证的合法用户才能登录平台；通过角色定义可设置一组权限，用于批量为用户设置权限；资源权限抢占：用户可通过锁定及设备权限值，对资源进行控制，高优先级用户可抢夺低优先级用户的浏览和控制权限；细化到每个操作、操作级别的权限控制。

图 6.1.1　实时视频浏览

（3）远程控制：通过平台授权的用户，能对前端设备各种动作进行远程遥控；具有云台方向控制和云台转动速度调整功能；摄像机变焦、光圈调整功能；支持云台开关控制，如雨刷、灯光等开关控制；支持预置点控制，每个通道用户可设置多个预置点，可设置快球的巡航路线；应能够设定控制优先级，对级别高的用户请求应有相应措施保证优先响应，如图 6.1.2 所示。

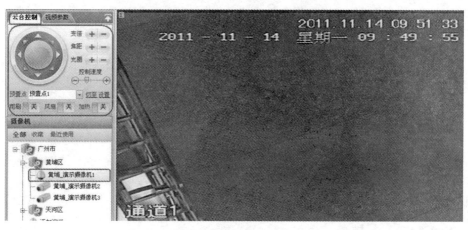

图 6.1.2　远程控制

（4）存储管理：可选择录像数据的存储位置，支持全程、手动、定时、联动等录像模式，支持自动循环覆盖；可根据网络传输格式自适应存储格式为 CIF、DCIF、D1、720P、1080P；可根据不同的需要制订自动录像存储的策略及报警存储策略，支持集中存储、分布式存储结构，支持 DAS、NAS、SAN 多种存储方式模式，支持自动循环覆盖，如图 6.1.3 所示。

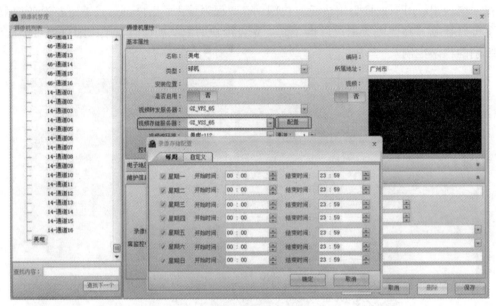

图 6.1.3　存储管理

（5）电视墙管理：对电视墙的显示模式进行定义，支持电视墙的任意布局模式；对上墙的视频可进行云台方向控制、步长控制、预置点调用和巡航调用；除支持实时视频上墙外，还可支持录像视频上墙；支持模拟矩阵上墙、数字视频矩阵上墙和 VGA 上墙，如图 6.1.4 所示。

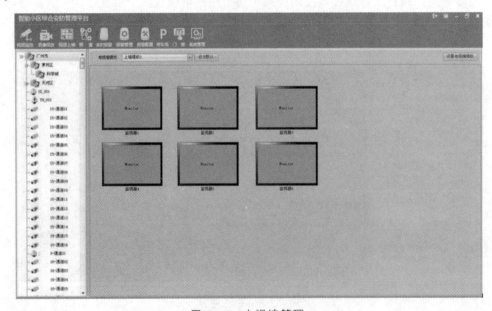

图 6.1.4　电视墙管理

（6）地图管理。显示地图，具有漫游、缩放、视图记忆、地图分级等功能。地图 GPS 路径跟踪：在地图显示 GPS 路径，并能进行路径查询，路径回看；支持多种地图：支持多种图片格式的单文件电子地图和多个图片文件的多文件电子地图，支持矢量图、卫片，支持多层、多级、不同文件形式组合，支持切片式地图显示，如图 6.1.5 所示。

图 6.1.5　地图管理

（7）系统维护管理：对平台资源进行管理，如用户、角色、摄像机、编解码器、模拟矩阵、后台转发、存储服务器、电视墙管理等；对前端各种设备可进行参数修改和维护；对平台设备可进行状态监测，实时显示该设备当前的状态是否正常；对异常状态的设备，可远程重启、升级等；对平台内设备进行统一的时钟校正，保证平台时间一致；对拨号上网的设备进行统一的地址域名解析和转换，如图 6.1.6 所示。

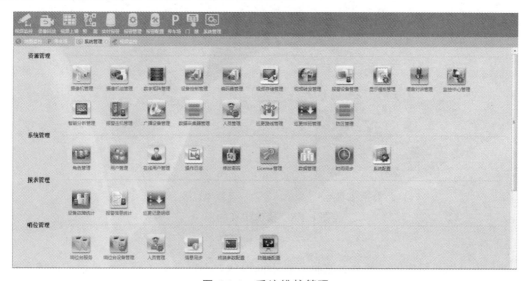

图 6.1.6　系统维护管理

6.1.2 智能监控系统的组成

智能监控系统一般由前端采集、信号传输、后端设备三个主要部分组成，如图 6.1.7 所示。其中，前端设备主要指摄像机；后端设备包括控制主机和显示与存储设备。

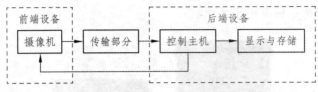

图 6.1.7 智能监控系统组成框图

1. 前端采集

1）摄像机

摄像机是监控系统眼睛，负责整个监控范围内的图像采集。常用的摄像机主要有半球摄像机，枪形摄像机，高速球摄像机等，它们各自又分为带红外的类型与不带红外的类型，并根据需要配值，如图 6.1.8 所示。摄像机的配套设备还包括云台、解码器、支架和护罩，其中云台用于固定摄像机，更重要的是扩大了摄像机的视野范围；解码器用于接收控制中心的控制命令并驱动云台、镜头和摄像机工作；支架用于固定摄像机；护罩用于保护摄像机和镜头工作稳定并延长其使用寿命。

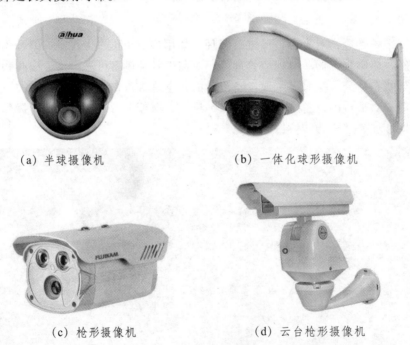

（a）半球摄像机　　　　　　　　（b）一体化球形摄像机

（c）枪形摄像机　　　　　　　（d）云台枪形摄像机

图 6.1.8 摄像机实物图

2）镜头

镜头是摄像机组成的一部分，它将各种不同形状、不同介质（塑料、玻璃或晶体）的光学零件（反射镜、透射镜、棱镜）按一定方式组合起来，使得光线经过这些光学零件的透射或反射以后，按照人们的需要改变光线的传输方向而被摄像机接收，即完成了物体的光学成像过程，如图 6.1.9 所示。按光圈调整的方式分为手动光圈镜头和自动光圈镜头；按镜头焦距是否可变方式分为定焦镜头和变焦镜头；按镜头的尺寸（对应摄像器件 CCD 尺寸）分为 1/3、1/4、1/2、2/3 等；按镜头的安装方式分为 C 型镜头和 CS 型镜头；按镜头焦距的尺寸分为广角镜头、远景镜头、标准镜头。

图 6.1.9　摄像机镜头实物图

3）云台、支架和防护罩

云台是承载摄像机进行水平和垂直转动的装置，其内装有两个电动机，一个负责水平方向的转动，另一个负责垂直方向的转动，实物如图 6.1.10 所示。按使用环境分为室内型和室外型，主要区别是室外型密封性能好、防水、防尘、负载大；按安装方式分为侧装和吊装，即云台是安装在天花板上还是安装在墙壁上；按外形分为普通型和球型，球形云台是把云台安置在一个半球形或球形防护罩中，除了防止灰尘干扰图像外，还具有隐蔽、美观、快速的优点。在挑选云台时要考虑安装环境、安装方式、工作电压、负载大小，也要考虑性能价格比和外形是否美观。

图 6.1.10　云台实物图

防护罩是使摄像机在有灰尘、雨水、高低温等情况下正常使用的防护装置，其一般可分为通用型防护罩和特殊用途防护罩两类，实物如图 6.1.11 所示。一般为全天候防护罩，具有高安全度、高防尘、防爆等功能，有些还安装有可控制的雨刷，还有些甚至有降温、加温功能。

图 6.1.11　防护罩实物图

如果摄像机只是固定监控某个位置不需要转动，那么只用摄像机支架就可以满足要求了。普通摄像机支架安装简单，价格低廉，而且种类繁多。普通支架有短的、长的、直的、弯的，应根据不同的要求选择不同的型号。室外支架主要考虑负载能力是否合乎要求，再有就是安装位置。

2. 信号传输

视频监控系统一般采用有线传输方式。常见的有线视频传输系统有双绞线缆传输系统、同轴电缆传输系统、光纤传输系统等，常见传输线缆之间的比较如表 6.1.1 所示。

表 6.1.1　传输线缆的比较

序号	功能	双绞线系统	同轴电缆系统	光纤系统
1	智能监控	布线简单，无须专业人员	布线困难，容易老化	布线困难，需专业人士
2	分支接线	可分支用电话接线端子	不能有接点，一点一线	不能有接点，一点一纤
3	一条线传输多路视频	一条可传输 4 路视频	只能传输一路	通过采用光分路器能传输多路
4	线管、线材、成本	低	较高	较高
5	施工成本	低	较高	较高
6	传输距离	1.2 km	0.3 km	2 ～ 100 km
7	抗干扰能力	容易受电磁场干扰，抗电磁干扰能力差	容易受电磁场干扰，有一定的抗电磁干扰能力	不受电磁场干扰，抗电磁干扰能力强
8	受气候变化影响	很小	图像质量受较大影响	很小

3. 控制设备

1）控制设备

（1）视频切换器。

视频切换器是组成控制中心主控制台上的一个关键设备，是选择视频图像信号的设备，实物如图 6.1.12 所示。简单地说，其功能就是将几路视频信号输入，通过对其控制，选择其中一路视频信号输出（一般应用于视频信号不多的场合，视频信号过多时就应配置矩阵）。

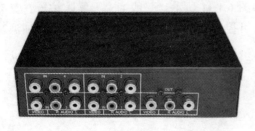

（a）8 路视频切换器　　　　　　　　（b）16 路视频切换器

图 6.1.12　视频切换器实物图

多路视频信号要送到同一处监控，可以采用一路视频对应一台监视器，但监视器占地大，价格贵，如果不要求时时刻刻监控，可以在监控室增设一台切换器，把摄像机输出信号接到切换器的输入端，切换器的输出端接监视器。切换器有手动切换、自动切换两种工作方式，手动方式是想看哪一路就把开关拨到哪一路；自动方式是让预设的视频按顺序延时切换，切换时间通过一个旋钮可以调节，一般在 1～35 s。切换器的输入端分为 2、4、6、8、12、16 路，输出端分为单路和双路。

（2）视频矩阵。

矩阵系统控制主机是在闭路电视监控系统中应用最广泛的一种系统控制主机方法，它采用矩阵切换原理，可以将任一路摄像机的视音频信号同步切换到一路输出上，实物如图 6.1.13 所示。该矩阵配合单片机系统构成的控制电路，采用积木式设计，可以组成从几路到几千路摄像机输入的强大控制系统。矩阵系统控制主机可带有音频输入、报警输入功能。它具有安全防范报警系统主机的主要功能。当前端报警探测器被触发报警时，矩阵系统控制主机在布防情况下，自动响应报警并联动显示器和录像机自动显示和实时录像，报警自动调用联动报警设备。

图 6.1.13　视频矩阵实物图

矩阵应用实现了视频路数较多情况下的统一集中管理控制，节约了大量的人力成本及机房空间。它与视频切换器的应用类似，但是切换器只是用于很少路信号的输入输出。

（3）控制键盘。

控制键盘就是为了方便地控制前端及监控室内的各种设备，集各种控制于一体，操作简单方便，与矩阵配合可实现集中控制复杂的监控系统，实物如图 6.1.14 所示。

图 6.1.14　控制键盘实物图

矩阵键盘具有控制 RS-485 通信接口，控制前端云台的上，下，左，右转动，控制摄像机的光圈，控制镜头变倍、变焦，还具有控制摄像机预置位设置/调用，控制矩阵实现各种切换等功能。

2）存储设备

监控硬盘录像机是整个系统的核心，是以硬盘为信息存储介质，采用实时编码解码技术，实现了对图像、声音信息的大容量、长时间的数字化存储，并提供了预约录像、时移及节目播放、编辑等功能，同时集画面分割器、视频切换器、控制器、远程传输系统的全部功能于一体，本身可连接报警探头、警号，实现报警联动功能，还可进行图像移动侦测，可通过解码器控制云台和镜头，可通过网络传输图像和控制信号等，实物如图 6.1.15 所示。常用的硬盘录像机按系统不同可分为两大类，分别是 PC 式硬盘录像机与嵌入式硬盘录像机。PC 式硬盘录像机扩展灵活，但是由于系统软硬件需要专业人员维护，且系统容易受到人为破坏，不易实现无人值守，所以使用受到一定的束缚。嵌入式硬盘录像机就是针对 PC 式录像机的缺点，把操作系统嵌入到内置的芯片中，所以不易受人为破坏，维护方便，稳定性高，越来越受到广泛的应用，也是以后发展的方向。

（a）PC 式硬盘录像机

（b）嵌入式硬盘录像机

图 6.1.15　硬盘录像机实物图

DVR 设备后面面板接线示意图如图 6.1.16 所示。DVR 采用的是数字记录技术，利用标准接口的数字存储介质，采用数字压缩算法，实现视（音）频信息的数字存储、显示与回放，并带有系统控制功能。DVR 集成了录像机、画面分割器、云台镜头控制、报警控制、网络传输等功能，它是一套进行图像存储与处理的计算机系统，用一台设备就能取代模拟监控系统一大堆设备的功能。另外，DVR 在图像处理、储存、检索、备份以及网络传输、远程控制等方面也都要优于模拟监控设备。

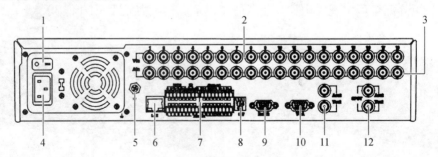

1—电源开关；2—视频输入；3—音频输入；4—电源接口；5—接地柱；6—网口；7—报警 I/O、RS485 插槽；
8—拨码开关；9—RS232 接口；10—VGA 输出；11—主口音视频输出；12—辅口音视频输出。

图 6.1.16　DVR 设备后面面板（示意图例）

3）显示设备

监视器是监控系统的标准输出显示设备，有了监视器我们才能观看前端送过来的图像。监视器主要配置接口为 BNC 接口，与整个监控系统配套结合。常用监视尺寸有 14 英寸、17 英寸、21 英寸、29 英寸（1 英寸=2.54 厘米）等，实物如图 6.1.17 所示。

（a）LED 显示器

（b）组合大屏幕

图 6.1.17　显示设备实物图

显示器是 PC 式硬盘录像机标准输出接口显示的一种设备，它与常用的计算机一样采用的是 VGA 接口。嵌入式数字硬盘录像机同时拥有 BNC 与 VGA 接口。

6.1.3　智能监控系统的架构

1. 简单的监控系统

简单的监控系统由前端摄像机、控制设备、传输线缆、存储设备、显示设备、键盘组成，如图 6.1.18 所示。前端摄像机可由枪形摄像机、球形摄像机、云台摄像机、网络摄像机等多种摄像机构成；控制设备主要负责多种设备的相互连接和视频信号的切换；传输线缆可以采用双绞线、同轴电缆、光纤或是无线等多种方式；显示设备采用的 LED 显示器；存储设备采用硬盘录像机；键盘用于控制摄像机的方向和图像的缩放。

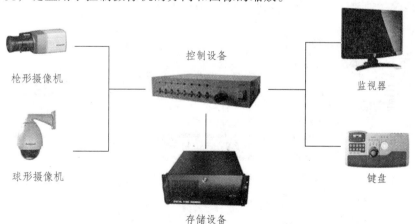

图 6.1.18　简单的监控系统系统拓扑图

2. 半数字监控系统

半数字监控系统由前端摄像机、视频编码器、DVR 硬盘录像机、存储设备、控制键盘、视频解码器、电视墙等组成，如图 6.1.19 所示。前端摄像机可由枪形摄像机、球形摄像机、云台摄像机、网络摄像机等多种摄像机构成，摄像机通过视频编码器和 TCP/IP 网络互联；传输网络采用 TCP/IP 网络传输；显示设备采用电视墙（可以分屏显示），并通过视解码器和 TCP/IP 网络互联；存储设备采用 HUS-VMS 存储和 HUS-NVR 存储；键盘用于控制摄像机的方向和图像的缩放。

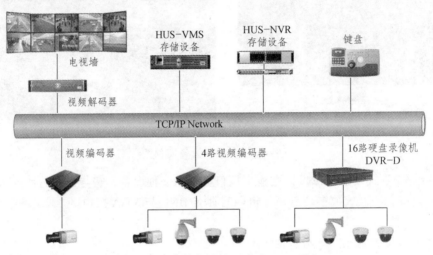

图 6.1.19　半数字监控系统（DVR 型）

3. 数字 IP 监控系统

数字 IP 监控系统由前端摄像机、存储设备、控制键盘、电视墙等组成，如图 6.1.20 所示。前端摄像机可由 IP 枪形摄像机、IP 球形摄像机、网络摄像机等多种摄像机构成，摄像机直接和 TCP/IP 网络互联，不需要编码器；传输网络采用 TCP/IP 网络传输；显示设备采用电视墙（可以分屏显示），并通过视解码器和 TCP/IP 网络互联；存储设备采用 HUS-VMS 存储和 HUS-NVR 存储；键盘用于控制摄像机的方向和图像的缩放。

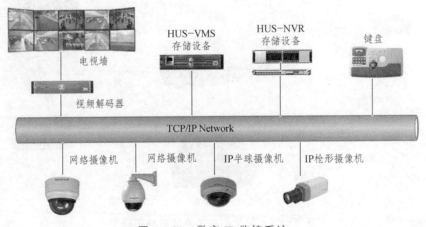

图 6.1.20　数字 IP 监控系统

4. 混合数字监控系统

混合数字监控系统由前端摄像机、存储设备、控制键盘、电视墙等组成，如图6.1.21所示。前端摄像机可由 IP 枪形摄像机、IP 球形摄像机、网络摄像机等多种摄像机构成，摄像机直接和 TCP/IP 网络互联，不需要编码器；传输网络采用 TCP/IP 网络传输；显示设备采用电视墙（可以分屏显示），并通过视解码器和 TCP/IP 网络互联；存储设备采用 HUS-VMS 存储和 HUS-NVR 存储；键盘用于控制摄像机的方向和图像的缩放。

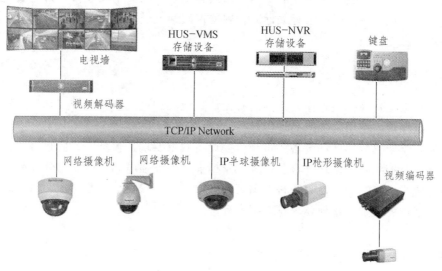

图 6.1.21　混合数字监控系统

学习单元 6.2　智能监控系统施工

【单元引入】

本学习单元结合国内现行的智能监控系统工程技术标准及实际工程经验，全面系统地介绍了智能监控系统的管线铺设、线缆布防、前端设备安装及中心设备安装等，并提供完成的智能监控系统工程验收的项目条目，为实际智能监控系统工程施工工作提供参考依据。

6.2.1　智能监控系统施工描述

1. 施工技术一般规定

（1）严格按照批准后施工图设计进行施工。

（2）接到任务书，制订详细的施工方案、计划和进度，确保按时完成任务。

（3）审核施工图后，组织相关的施工人员讲解本次施工的要点、要求和注意事项，使施工人员明确施工的性质、内容和任务，按期、按质、按量完成施工任务。

（4）遵守国家部委或地方颁发的法规、标准和规范。

（5）严格执行国家部委或地方颁发的工程施工及验收技术规范或工程及验收暂行技术规定，以及省电信公司的有关文件规定和要求。

（6）坚持以施工质量为第一位的宗旨，加强施工现场的管理和施工监督，严格执行施工规范。做到施工工艺精良，各种测试项目齐全、记录清楚、文字端正、数据准确。符合相关技术要求。

（7）严格按施工操作程序施工，做到文明施工、文明生产。施工中做好防火、防电、防雷、防化学气体、防事故等预防性的工作，做到施工人员的安全及设备材料的安全。鉴于安全生产责任重大，严格执行国家有关标准和内蒙古兴泰电子科技有限责任公司安全目标责任状的相关规定。

2. 安全操作技术一般规定

（1）注意施工环境，检查作业范围内有无危险地段和可能坠物地带及其他障碍物。作业人员应按规定穿戴、使用防护用品、用具。

（2）所有支架安装等外部设备要符合监控设备载重要求，包括安装面是否适合承重等。

（3）所有监控线路安装均符合公司及国家标准，保证强电和弱电线路分开。尽量使用带屏蔽层的电源线、控制线。视频线符合国家标准。

（4）机柜摆放位置和接地要求符合国家标准。

6.2.2　智能监控系统施工准备

1. 施工工艺流程

智能监控系统施工工艺流程如图 6.2.1 所示。

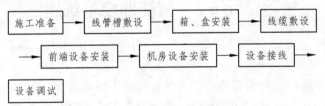

图 6.2.1　智能监控系统施工工艺流程

2. 施工准备

1）开工前现场项目经理和技术员的准备资料

现场项目经理和技术员做好施工资料的移交、技术交底工作，施工队长应详细阅读移交的所有资料，了解工程范围、进度、质量等要求，组织调配好自身队伍的施工人员、施工工具，并对施工人员做好技术交底等工作。制定《现场施工资料交接单》，施工队长签收。

2）开工前施工队长的准备资料

开工前施工队长应尽可能根据所得到的资料，及早发现施工图纸、施工文件、施工进度计划中的问题，并及时向项目部提出，由现场项目经理牵头各相关方沟通、协调，以达成一致，如协调的内容超出现场项目经理权限，需公司相关领导做出协调安排，如不能达成一致，将按原施工图纸、施工文件、施工进度计划执行，所有问题及执行情况形成确认记录。

3）开工前施工队长应有计划

开工前施工队长应有计划地在各施工岗位上配置满足施工要求、满足进度要求的合适数量的施工人员及施工工具，并将施工各阶段、各单项工程所安排的施工人数、单项工程负责人等信息（名单、上岗证、身份证及照片）填表提交给项目部。

6.2.3 智能监控系统路由建设

1. 线管敷设

1）暗配管

（1）敷设在多尘和潮湿场所，应做密封处理。

（2）暗配的管子宜沿最近的路线敷设并应减少弯曲；埋入管或混凝土内的管子离表面距离不应小于 15 mm。

（3）埋入地下管不宜穿过设备基础，如过基础时应加保护管。

（4）管子煨弯、切断、套丝应符合要求，管口无毛刺、光滑，管内无铁屑，丝扣清晰干净，不过长。

（5）测定盒、箱位置。

（6）稳注盒、箱。

（7）管路连接：丝扣连接应上好管箍，焊接应牢固；管路超过一定长度应加装接线盒。

（8）暗管敷设方式：随墙配管；大模板混凝土墙配管；现浇混凝土楼板配管；预制圆孔板上配管。

（9）穿过变形缝的管路应该设有补偿装置，补偿装置应活动自如，配电线路穿过建筑物或设备基础时加装保护套管，保护套管应平整，管口光滑，护口牢固，与管口紧密连接，加保护套管处在隐蔽工程中表示正确。

（10）做好地线连接。

2）明配管

（1）根据设计图加工支架、吊架、抱箍及弯管。

（2）弯管半径不小于管外径的 6 倍；扁铁支架不小于 30 mm×3 mm，角钢支架不小于 25 mm×25 mm×3 mm。

（3）测定盒、箱及固定位置：根据设计首先测出盒、箱与出线口等的准确位置。根据测定的盒、箱位置，把管路的垂直、水平走向弹出线来，按照安装标准规定和图纸尺寸要求，计算确定支架、吊架的具体位置。固定点的距离应均匀，管卡与终端、转弯中点、电气器具或接线盒边缘的距离为 150～300 mm。

（4）固定方法有胀管法、木砖法、预埋铁件焊接法、稳注法、剔注法、抱箍法。

（5）管路连接：检查管子有无毛刺，镀锌层或防锈漆是否完整，钢管不准焊接在其他管道上。

（6）钢管与设备连接应加软管，潮湿处或室外应做防水处理。

（7）穿过变形缝的管路应该设有补偿装置，补偿装置应活动自如，配电线路穿过建筑物或设备基础时加装保护套管，保护套管平整，管口光滑，护口牢固，与管口紧密连接，加保护套管处在隐蔽工程中表示正确。

（8）吊顶内、护墙板内管路敷设，其操作工艺及要求参照明配管工艺；连接、弯度、走向等可参照暗敷工艺要求施工，接线盒可使用暗盒。

2. 线槽敷设

1）线槽安装的一般要求

（1）线槽直线段连接应采用连接板，用垫圈、弹簧垫圈、螺母紧固，连接处应严密平整无缝隙。

（2）线槽进行交叉、转弯、丁字连接时，应采用单通、二通、三通、四通等进行变通连接，线槽终端应加装封堵。导线接头处应设置接线盒或将导线接头放在电气器具内。

（3）线槽采用钢管引入或引出导线时，可采用分管器或用锁母将管口固定在线槽上。

（4）建筑物的表面如有坡度时，线槽应随其坡度变化。

（5）线槽盖板安装后应平整、无翘角，出线口的位置应准确。

（6）在吊顶内敷设时，如果吊顶无法上人，应留检修孔。

（7）穿过墙凿壁的线槽四周应留出 50 mm 空隙，并用防火材料封堵。

（8）金属线槽及其金属支架和引入引出的金属导管必须接地可靠。

（9）线槽经过建筑物的变形缝（伸缩缝、沉降缝）时，线槽本身应断开，槽内用内连接板搭接，不需固定。保护地线和槽内导线均应留有补偿余量。

（10）敷设在竖井、吊顶、通道、夹层及设备层等处的线槽应符合现行国家标准《高层民用建筑设计防火规范》（GB 50045）的有关防火要求。

2）吊装金属线槽安装

（1）线槽直线段组装时，应先做干线，再做分支线，将吊装器与线槽用蝶形夹卡固定，并逐段组装成形。

（2）线槽与线槽可采用内连接头或外连接头，配上平垫和弹簧垫用螺母紧固。

（3）转弯部位应采用弯头，安装角度应适宜。

（4）出线口处应利用出线口盒进行连接，末端部位要装上封堵，在盒、箱、柜进出线处应采用抱脚连接。

3）地面金属线槽安装

（1）根据弹线位置，固定线槽支架，将地面金属线槽放在支架上，然后进行线槽连接，并接好出线口。

（2）线槽与分线盒连接应正确选用分线盒、管件，连接应固定牢靠。

（3）地面线槽及附件全部安装后，进行系统调整，根据地面厚度调整线槽干线、分支线、分线盒接头、转弯、转角和出口等处，水平高度与地面平齐，并将盒盖盖好，封堵严实，以防污染堵塞，直至配合土建地面施工结束为止。

4）线槽保护地线安装

（1）金属线槽及其支架全长不应少于 2 处与接地干线相连接。

（2）非镀锌线槽间连接板的两端跨接铜芯接地线，接地线最小允许截面面积不小于 6 mm²。

（3）镀锌电缆桥架间连接板的两端不跨接接地线，但连接板两端不少于 2 个有防松螺帽或防松垫圈的连接固定螺栓。

5）地面金属线槽安装

（1）根据弹线位置，固定线槽支架，将地面金属线槽放在支架上，然后进行线槽连接，并接好出线口。

（2）线槽与分线盒连接应正确选用分线盒、管件，连接应固定牢靠。

（3）地面线槽及附件全部安装后，进行系统调整，根据地面厚度调整线槽干线、分支线、分线盒接头、转弯、转角和出口等处，水平高度与地面平齐，并将盒盖盖好，封堵严实，以防污染堵塞，直至配合土建地面施工结束为止。

6）线槽保护地线安装

（1）金属线槽及其支架全长不应少于 2 处与接地干线相连接。

（2）非镀锌线槽间连接板的两端跨接铜芯接地线，接地线最小允许截面面积不小于 6 mm²。

（3）镀锌电缆桥架间连接板的两端不跨接接地线，但连接板两端不少于 2 个有防松螺帽或防松垫圈的连接固定螺栓。

3. 箱盒安装

（1）分线箱安装位置应符合设计要求，当设计无要求时，高度宜为底边距地 1.4 m。

（2）箱体暗装时，箱体板与框架应与建筑物表面配合严密，严禁采用电焊或气焊将箱体与预埋管焊在一起，管进箱应用锁母固定。

（3）明装分线箱时，应先找准标高再钻孔，膨胀螺栓固定箱体。要求箱体背板与墙面平齐。

（4）解码器箱一般安装在现场摄像机附近。安装在吊顶内时，应预留检修口；室外安装时应有良好的防水性，并做好防雷接地措施。

（5）当传输线路超长需用放大器时，放大器箱安装位置应符合设计要求，并具有良好的防水、防尘性。

6.2.4 智能监控系统线缆布放

1. 线缆布放一般标准

（1）线缆完好无损，外皮完整，中间严禁有接头和打结的地方。

（2）线缆布放时，连接正确，保持其顺直、整齐，布放时线缆应按一定顺序。

（3）线缆拐弯应均匀、圆滑、一致，弯弧外部保持垂直或水平成直线。

（4）线缆布放绑扎整齐，绑扎的线扣间距均匀，松紧适度，不得绑扎过紧。

（5）线缆走线方便、美观，每期工程线缆沿线缆走道一侧布放，尽量留出扩容空间，以便于维护和将来扩容。

（6）布放线缆时，每条线缆的两端有明显标志，以便于连接和检查，线缆标签应贴（绑）于线缆两端的明显处且不易脱落。

（7）信号线与电源线分开敷设，不互相缠绕，平行走线，并避免在同一线束内。在同一线缆走道上布放时，间距不小于200 mm。信号线及电源线在机架内布放时，分别在两侧走线。

（8）线缆穿越上、下层或水平穿墙时，用防火封堵材料将洞孔堵实。

（9）DC 12V 供电的普通摄像机工作电流约为 200～300 mA，一体化摄像机为 350～400 mA。如果摄像机的数量较少（5台以内）且摄像机与监控主机的距离较近（少于50 m），每台摄像机可单独布 RVV 2×0.5 电源线到监控室并用小型变压器供电。如果摄像机的数量较多，则应采用大功率的 12 V 直流稳压电源集中供电。

（10）在方案设计和施工过程中，要考虑到所有摄像机的总功率和由传输线路所造成的电压降。对于一幢楼的监控，施工时一般用 2 条 2.5～6 mm^2 的铜芯双塑线作为电源的主干由监控室引至线井，并沿线井走至各摄像机所在楼层的线井。对于楼层各摄像机的供电，可由该层线井引 1 条 RVV2×1 或 RVV2×1.5（若该层的摄像机数量超过 6 台）电源线给摄像机供电，或用 RVV2×0.5 护套线——对应供电，如图 6.2.2 所示。

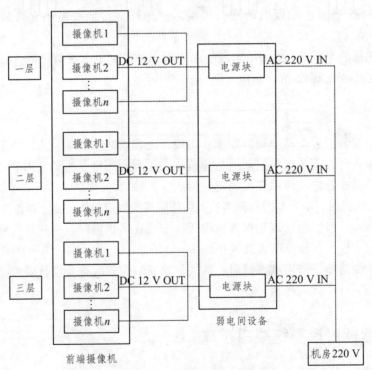

图 6.2.2　系统电源线布放示意图

2. 线缆的绑扎标准

（1）对于插头处的线缆绑扎应按布放顺序进行绑扎，防止电缆互相缠绕，电缆绑扎后应保持顺直，水平电缆的扎带绑扎位置高度应相同，垂直线缆绑扎后应能保持顺直，并与地面垂直，如图 6.2.3 所示。

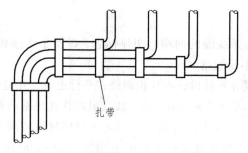

图 6.2.3　插头附近的扎带示意图

（2）选用扎带时应视具体情况选择合适的扎带规格，尽量避免使用多根扎带连接后并扎，以免绑扎后强度降低。扎带扎好后应将多余部分齐根平滑剪齐，在接头处不得带有尖刺，如图 6.2.4 所示。

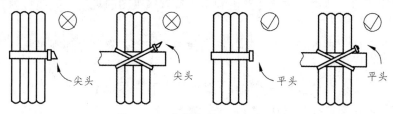

图 6.2.4　扎带绑扎形式示意图

（3）电缆绑扎成束时，一般是根据线缆的粗细程度来决定两根扎带之间的距离。扎带间距应为电缆束直径的 3 ~ 4 倍，如图 6.2.5 所示。

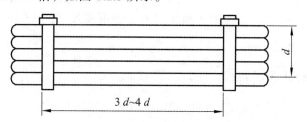

图 6.2.5　电缆绑扎成束示意图

（4）绑扎成束的电缆转弯时，扎带应扎在转角两侧，以避免在电缆转弯处用力过大造成断芯的故障，如图 6.2.6 所示。

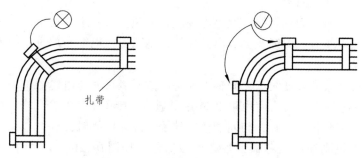

图 6.2.6　电缆转弯绑扎示意图

（5）机柜内电缆应由远及近顺次布放，即最远端的电缆应最先布放，使其位于走线区的底层，布放时尽量避免线缆交错，如图 6.2.7 所示。

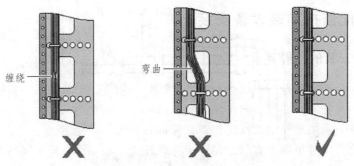

缠绕 弯曲

图 6.2.7 机柜内线缆布放示意图

3. 信号线的布放及连接标准

（1）信号线线缆的规格、位置、路由和走向符合施工图的规定，线缆排列必须整齐，外表无损伤。

（2）信号线绑扎在垂直桥架上，绑扎后的线缆互相紧密靠拢，外观平直整齐，线扣间距均匀，松紧适度。

（3）在水平桥架内布放信号线不绑扎，线缆应顺直，尽量不交叉。在线缆进出线槽部位和转弯处应绑扎或用塑料扎带捆扎。

（4）静电地板下布放的线缆，注意应顺直不凌乱，避免交叉，并且不得堵住空调送风通道。信号线与设备连接时，用剥线钳把线缆端头剥开，分线按顺序，不得将每组芯线互绞打开；线缆与设备连接方法应符合厂家有关规定；线缆与设备连接时，芯线从端子根部开始，不露铜，芯线无损伤。电缆的弯曲半径不小于电缆外径的 15 倍，避免不必要的信号损失。

4. 视频线的布放及连接标准

（1）视频线线缆的规格、位置、路由和走向符合施工图的规定，线缆排列整齐，外表无损伤。

（2）绑扎后的线缆互相紧密靠拢，外观平直整齐，线扣间距均匀，松紧适度。

（3）在槽道内布放视频线不绑扎，线缆顺直，尽量不交叉。在线缆进出槽道部位和转弯处应绑扎或用塑料卡捆扎固定。

（4）活动地板下布放的视频线，顺直不凌乱，避免交叉，不堵住空调送风通道。

（5）布放视频电缆时，由缆盘上放出并保持松弛弧形，电缆布放过程中无扭转，严禁打小圈、浪涌等现象发生。

（6）视频线线缆余留长度统一，同轴电缆各层的开剥尺寸与电缆插头相应部分相适合。

（7）室外同轴电缆干线接头使用防水 F 头/贯通头，接头工艺符合要求，接头不虚焊。屏蔽线的端头处理：剖头长度一致，与同轴接线端子的外导体接触良好。

（8）传送摄像机到视频服务器的视频模拟信号，控制在 200 m 之内，采用 SYV75-5 或 SYV75-3 电缆（一般来讲，75-3 电缆可以传输 150 m，75-5 可以传输 300 m，75-7 可以传输 500 m）。距离超长，视频电缆传送达不到视频质量要求时，可考虑采用光纤光缆来解决。

6.2.5 智能监控前端设备安装

1. 前端设备安装的一般要求

（1）摄像机安装在监视目标附近不易受外界损伤的地方，安装位置不影响现场设备运行和人员正常活动。安装的高度，室内距地面 2.5~5 m；室外距地面 3.5~10 m。

（2）室外环境下采用室外全天候防护罩，保证各种天气下使用。

（3）摄像机镜头应避免强光直射，保证摄像管靶面不受损伤。镜头视场内，没有遮挡监视目标的物体。

（4）摄像机镜头从光源方向对准监视目标，避免逆光安装；当需要逆光安装时，应降低监视区域的对比度。

（5）摄像机的安装应牢靠、紧固。

（6）在高压带电设备附近架设摄像机时，根据带电设备的要求，确定安全距离。

（7）从摄像机引出的电缆宜留有 1 m 的余量，不得影响摄像机的转动。摄像机的电缆和电源线应固定，不用插头承受电缆的自重。

（8）云台及云台解码器与摄像机的接线连接方式应严格按照云台解码器的产品说明书执行。

（9）摄像机在安装时每个进线孔采用专业的防水胶或热熔胶做好防止水、水蒸气等流入的措施，以免对摄像机电路造成损坏。

2. 室内云台摄像机、枪式摄像机的安装工艺

安装前的准备工作：拿出摄像机、镜头、电源适配器、支架，准备好工具和配件（胶塞、螺丝、螺丝批、小锤、电钻等必要工具），按事先确定的安装位置，检查好胶塞和自攻螺丝的大小型号，试一试支架螺丝和摄像机底座的螺口是否合适，预埋的管线接口是否处理好，测试电缆是否畅通，就绪后进入安装程序。

（1）拿出摄像机和镜头，按照事先确定的摄像机镜头型号和规格，仔细装上镜头，注意不要用手碰镜头和 CCD，确认固定牢固后，接通电源，连通主机或现场使用监视器、小型电视机等调整好光圈焦距。

（2）打开护罩上盖板和后挡板，抽出固定金属片，将摄像机固定好，将电源适配器装入护罩内，理顺电缆，固定好，装到支架上，如图 6.2.8 和图 6.2.9 所示。

（3）拿出工具，按照事先确定的位置，装好支架。检查牢固后，将摄像机按照图纸设计的方向装上，确定安装支架前，先在安装的位置通电测试一下，以便得到更合理的监视效果。

（4）把焊接好的视频电缆 BNC 插头插入视频电缆的插座内，用插头的两个缺口对准摄像机视频插座的两个固定柱，插入后顺时针旋转即可，确认固定牢固、接触良好。将电源适配器的电源输入端焊接牢固并做好绝缘，电源输出插头插入监控摄像机的电源插口，并确认牢固度，理顺线缆后复位上护罩的盖板和后挡板。

（5）把电缆的另一头按同样的方法接入 DVR 或监视器等机房后端设备，接通机房后端设备和摄像机电源，通过监视器调整摄像机角度到预定范围，并调整摄像机镜头的焦距和清晰度，下一步可进入录像设备和其他控制设备调试工序。

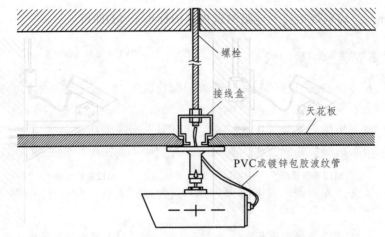

图 6.2.8　室内吊顶式摄像机的安装示意图

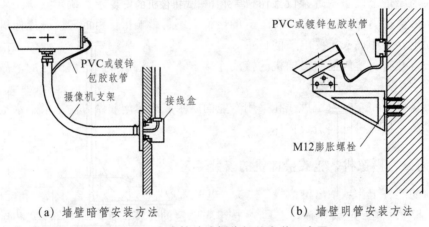

（a）墙壁暗管安装方法　　　　　　（b）墙壁明管安装方法

图 6.2.9　室内挂壁式摄像机的安装示意图

3. 室外云台摄像机、枪式摄像机的安装

室外云台、枪式摄像机的安装调试与室内安装步骤相同，但护罩选用室外防水型护罩并加装前端防雷装置。

（1）摄像机立杆一般采用不锈钢锥形杆，杆的基础按图纸要求施工，立杆的中心线安装时必须与水平面垂直，摄像机的云台部件或枪式摄像机的支架通过抱箍或立杆自带的基座固定在立杆上，如图 6.2.10 和图 6.2.11 所示。

（2）在每根立杆顶端加装避雷针一根，用于防范直击雷；枪式摄像机安装视频信号线、电源线二合一防雷器，云台式摄像机安装视频信号线、控制信号线、电源线三合一防雷器。防雷器的接地非常重要，如果接地没有做好，防雷器起不了作用，要求接地地阻应做到小于 4 Ω。

（3）摄像设备接地具体措施：摄像机安装在立杆上，如现场土壤情况较好（石沙等不导电物质较少）的情况下，可以利用立杆直接接地，把摄像机与防雷器的地线直接焊接在立杆上。反之，如果现场土壤情况恶劣（石沙等不导电物质较多），则要借用导电设备，利用扁钢与角钢等，使用 40*3 的扁钢沿立杆拉下，防雷器和摄像机的地线与扁钢妥善焊接，用角钢打入地底 2 ~ 3 m，与扁钢焊接好。地阻测试根据国标小于 4 Ω即可。

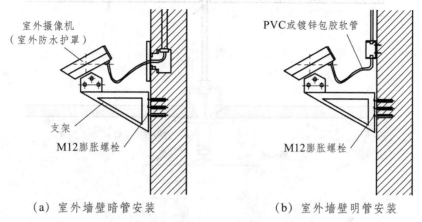

（a）室外墙壁暗管安装　　　　（b）室外墙壁明管安装

图 6.2.10　室外挂壁式摄像机的安装

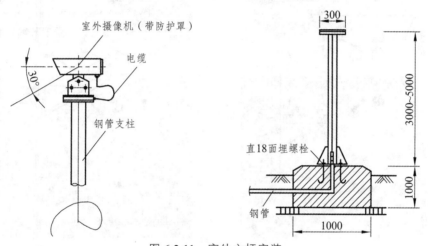

图 6.2.11　室外立杆安装

6.2.6　智能监控中心设备安装

1. 监控中心选择

（1）监控中心宜设置在一楼，不宜设置在地下室，要方便设备搬运、防水、排水、紧急疏散等。

（2）监控中心设备上部不能有下水管、消防水管、消防喷淋头。

（3）监控中心要求有本体接地，阻值小于 1 Ω，建议制作独立接地体，阻值小于 4 Ω，并在控制中心做均压环，与设备做等电位连接。

（4）监控中心应配备温度控制、防火、应急照明等设施。

2. 控制中心设备安装工艺

（1）安装设备的机架、机柜、电视墙、UPS 电源、电池等可直接安装在水泥地面上，并做好固定。如果机房已安装防静电地板，上述设备尽量不安装在活动地板上，而应安装在相应的底座上，底座高度与活动地板高度一致。

（2）便于设备检修，机架、电视墙背面与墙距离不小于 0.8 m，侧面与墙之间距离不小于 0.6 m。

（3）控制台、机柜内要有良好通风，所有进出机柜、控制台的电缆、光缆、控制线、电源线均应按序排列，捆扎整齐、美观，加有永久性标识牌（标识牌最好用中文标注），如图 6.2.12 所示。

（a）硬盘录像机后线缆的绑扎

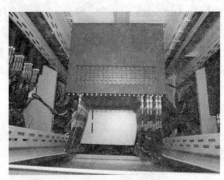

（b）矩阵后线缆的绑扎

（c）视频线线缆标识

（d）光跳线上的标识

图 6.2.12　设备安装工艺

3. 控制中心设备安装、接线

（1）外围进控制中心线缆预留至最远安装位置，其中视频线多预留 50 ~ 100 cm。

（2）监控系统矩阵主机、视频信号分配器、控制信号分配器宜靠近安装，尽量减少设备之间的跳线距离，上下安装间距不能小于 200 mm，以便线缆捆扎和固定。

（3）监视柜和操作台横向走线尽量从底部托架穿过；监视柜的底部托架上不能直接放设备，以便二次走线和检修。

（4）管理计算机与矩阵操作键盘和报警主机操作键盘靠近安装，报警后方便调用监控图像和处理警情。

（5）接线全部采用压线端子，走线横平竖直，线缆标识清楚。

（6）设备外壳、监视柜、操作台采用 4 mm² 接地线接地，并采用螺杆与中心汇流排连接，接线采用 O 型压线端子 5-6 连接。

（7）防雷接地汇总至汇流排，再用 16 mm² 接地线与建筑本体接地体连接，采用 10-16 O

型压线子压接，用 M6×30 螺杆连接。

4. 系统调试

（1）基本要求：系统调试前应编制完成系统设备平面布置图、走线图以及其他必要技术文件，调试工作应由项目责任人或有相当于工程师资格的专业技术人员主持，并编制调试大纲。

（2）调试前的准备：

① 按工程施工要求，检查施工工程的质量，对施工中出现的问题，如错线、虚焊、虚接、开路或短路应予以解决，并有文字记录。

② 按正式设计文件的规定，查验已安装的设备检修、型号、数量、备品备件等。

③ 系统在通电前应检查供电设备的电压、极性、相位等。

（3）系统调试：

① 先对各种有源设备逐个进行通电检查，工作正常后方可进行系统调试。

② 检查并调试摄像机的监控范围，聚焦环境照度与抗逆光效果等，使图像清晰度、灰度等达到设计要求。

③ 检查并调整对云台、镜头等的遥控功能，排除遥控延迟和机械冲击等不良现象，使监视范围达到设计要求。

④ 检查并调整视频切换控制主机的操作程序、图像切换、字符叠加等功能，保证工作正常。

⑤ 调整监视器、录像机、打印机、图像处理器、同步器、编码器、解码器等设备，保证工作正常。

⑥ 当系统具有报警联动功能时，应检查与调试自动开启摄像机电源，自动切换音视频列指定监视器，自动实时录像等功能，系统应叠加摄像时间，摄像机位置的标识符，并显示稳定，当系统需要灯光联动时，应检查灯光打开后图像质量是否达到设计要求。

⑦ 检查与调试监视图像与回放图像的质量，在正常工作照明环境下，监视图像质量不应低于现行图像标准 GB 50198—2011 规定的 4 级，回放图像质量不低于 3 级，至少能辨别人的面部特征。

学习单元 6.3　智能监控系统验收

【单元引入】

本学习单元介绍了智能视频监控系统检验的基本程序、检验项目和要求、试验方法及检验规则，适用于建筑内、外部的视频安防监控系统，为智能视频监控系统工程的验收工作提供参考依据。

6.3.1　智能监控系统工程描述

智能监控工程的验收工作对于保证工程的质量起到重要的作用，也是工程质量的四大要素"产品、设计、施工、验收"的一个组成内容。工程的验收体现于新建、扩建和改建工程的全过程,就智能监控系统工程而言,又和土建工程密切相关,而且又涉及与其他行业间的接口处理。验收阶段分为开工前检查、随工验收、初步验收、竣工验收等几个阶段,每一阶段都有其特定的内容。

1. 开工前检查

工程验收是随工程开工之日就开始了,从对工程材料的验收开始。开工前检查包括设备材料检验和环境检验。设备材料检验包括查验产品的规格、数量、型号是否符合设计要求,材料设备的外观检查、抽检缆线的性能指标是否符合技术规范等。环境检查包括查土建施工的地面、墙面、门、电源插座及接地装置、机房面积、预留孔洞等环境。

2. 随工验收

在工程中为随时考核施工单位的施工水平和施工质量,对产品的整体技术指标和质量有一个了解,部分的验收工作应该在随工中进行,比如布线系统的电气性能测试工作、隐蔽工程等。这样可以及早地发现工程质量问题,避免造成人力和器材的大量浪费。

随工验收应对工程的隐蔽部分边施工边验收,在竣工验收时,一般不再对隐蔽工程进行复查,由工地代表和质量监督员负责。

3. 初步验收

对所有的新建、扩建和改建项目,都应在完成施工调测之后进行初步验收。初步验收的时间应在原定计划的建设工期内进行,由建设单位组织相关单位(如设计、施工、监理、使用等单位人员)参加。初步验收工作包括:检查工程质量,审查竣工资料等,对发现的问题提出处理意见,并组织相关责任单位落实解决。

4. 竣工验收

工程竣工验收为工程建设的最后一个程序,其内容应包括:确认各阶段测试检查结果;验收组认为必要的项目的复验;设备的清点核实;全部竣工图纸、文档资料审查;工程评定和签收。

6.3.2 智能监控系统工程验收

1. 验收依据

(1)按照国家标准《智能建筑工程质量验收规范》(GB 50339-2013)适用于智能建筑工程的新建、扩建和改建工程的设计、施工及验收。

(2)按照国家标准《视频安防监控系统工程设计规范》(GB 50395-2015)的测试检验内容主要包括:系统性能、系统功能、电源供电、设备安全性、电磁兼容性和安装施工工艺等。

(3)按照国家标准《民用闭路监视电视系统工程技术规范》(GB 50198-2011)适用于以监视为主要目的的民用闭路电视系统的新建、扩建和改建工程的设计、施工及验收。

2. 验收项目

智能监控系统验收项目如表 6.3.1 所示。检测结论作为工程竣工资料的组成部分及工程验收的依据之一。

表 6.3.1　智能监控系统验收项目

序号	检验项目		检验要求	检验方法
1	视频/音频采集功能		视频采集设备的灵敏度和动态范围应满足现场图像采集的要求	核查视频采集设备的产品检测报告中摄像机的灵敏度和动态范围
			视频采集设备宜具有同步音频采集功能	具有音频采集功能时，检查采集音频的清晰可辨性、连续性和音视频的同步性
2	传输		视频图像信息和其他相关信息在前端采集设备到显示设备、存储设备等各设备之间的传输信道的带宽、时延、时延抖动应满足竣工文件要求： ① 传输时延≤300 ms； ② 传输时延抖动≤50 ms； ③ 传输丢包率≤$1×10^{-5}$； ④ 包误差率≤$1×10^{-4}$； ⑤ 单路前端设备接入监控中心的网络传输带宽应≥2 Mb/s； ⑥ 各级监控中心间网络传输带宽应≥2.5 Mb/s	分别测试前端采集设备到显示设备和存储设备等各设备之间的信道带宽，时延和时延抖动
			视频传输应能对同一视频资源的信号进行分配或数据分发。通过画面分割控制器分别将画面切至 2、4、6、9、12 等画面，目视检查系统显示多画面图像质量，应符合国家要求。观看距离应为荧光屏高度的 6 倍左右，室内照度应满足监控室设计要求	同时在多个客户终端/设备以不同的用户登录对同一个视频图像和音频信号进行浏览、同放及控制，观察功能是否实现，是否出现图像卡顿或死机现象
3	切换调度功能		系统应能按照授权实时切换调度指定视频到指定终端	以不同的授权用户对视频资源进行调取显示，检查授权范围内和授权范围外对视频资源的调取，将调取的视频资源选择客户端的不同画面或不同的监视器进行显示，查看显示状态
			实时视频切换显示的响应时间应符合竣工文件要求	选取不同的视频资源在同一画面显示；测试响应的时间；选取相同的视频资源在不同画面显示，测试响应时间
4	远程控制功能		系统应具备按照授权对选定的前端视频采集设备进行 PTZ 实时控制和（或）工作参数调整的能力	以不同的授权用户对前端视频采集设备进行行控制，包括 PTZ 控制及编码方式、码流、帧率、加密等的调整，检查授权用户和非授权用户的控制及调整，功能测试对前端视频采集设备进行 PTZ 控制时的端到端的时间延迟
5	视频显示功能	质量	按 5 级损伤制评定，图像质量应不低于 4 级。图像上不觉察有损伤或干扰存在	检查对授权用户在客户端/显示设备上依次对视频图像进行调取浏览和选取不同时间段的历史图像进行回放，检查采取单画面或多画面的显示；分别通过视频测试卡图像采集、后端显示及存储的过程对显示的图像和回放的图像质量进行测试，包括分辨力、帧率、灰度等级等；对显示视频图像的几何特征、现场目标活动连续性、清晰度、进行主观评价
		分辨率	A 级：实时图像分辨率 ≥1920*1080（1080P）； B 级：实时图像分辨率 ≥1080*720（720P）	

序号	检验项目		检验要求	检验方法
5	视频显示功能	灰度	实时图像灰度等级≥10级；回放图像灰度等级≥9级	
		清晰度	A级：实时图像水平清晰度≥800TVL；回放图像水平清晰度≥650TVL；B级：实时图像水平清晰度≥650TVL；回放图像水平清晰度≥500TVL	
		多画面质量要求	系统多画面图像应饱满，图像分割及轮廓清晰，无明显缺陷；图像稳定，无明显跳动、扭曲和滚动；无令人讨厌的亮度失真；无明显偏色；无明显干扰和令人讨厌的损伤。画面分割器产生的字符应清晰、无明显抖动	
6	存储/回放/检索功能		视频存储设备应能完整记录指定的视频网像信息。存储的视频路数、存储格式、存储时间应符合竣工文件要求	检查视频存储的方式、码流、存储中格式、存储的路数，根据存储方式存储格式、码流、存储路数计算每天所需的存储容量
			视频存储设备应支持视频图像信息的及时保存、连续回放、多用户实时检索和数据导出等功能	单个或多个以不同用户对视频资源进行实时检索，查看回放检索到的资源，并导出相应的数据信息
			视频图像信息保存期限不应少于30 d；防范恐怖袭击重点目标的视频图像信息，保存期限不应少于90 d	根据每天所需的存储容量和配置容量，计算视频图像的保存期限；根据计算的保存期限，对存储视频图像按时间进行检索并回放，查看需要保存期限的历史图像
			视频图像信息宜与相关音频信息同步记录、同步回放	检查前端音频的设备，对音视频的记录文件进行回放，检查播放时的声音、动作、口型和延迟
7	视频/音频分析功能		系统可具有场景分析目标识别、行为识别等视频智能分析功能。系统可具有对异常声音分析报警的功能	当具有视频/音频分析功能设计时，检查场景分析、目标识别、行为识别、异常声音分析报警等功能
			当具有场景分析或目标识别功能要求时，视频图像的分辨力应满足系统记录现场和识别目标的要求	对具有场景分析或目标识别功能要求的视频图，分别通过视频测试卡图像采集、后端显示及存储的过程对显示的图像质量进行测试，包括分辨力、帧率、灰度等级等
8	多摄像机协同功能		系统多画面图像应饱满，图像分割及轮廓清晰，无明显缺陷；图像稳定，无明显跳动、扭曲和滚动；无令人讨厌的亮度失真；无明显偏色；无明显干扰和令人讨厌的损伤。画面分割器产生的字符应清晰、无明显抖动。在选定的移动侦测范围内，出现物体移动时应发出报警信号。系统联动响应时间≤4 s	对同一场景设置的多台摄像机检查相互联运性，对模拟活动目标进行测试。查看联动结果和对活动目标的跟踪情况

序号	检验项目	检验要求	检验方法
9	系统管理功能	系统应具有用户权限管理、操作与运行日志管理、设备管理和自我诊断等功能	对不同的用户进行权限设置,增加和删除用户,调取操作与运行日志;对相关数据进行导入、导出及界面配置
10	电源、安全性和电磁兼容	主电源稳态电压范围 AC 220 V（1±2%）/50 Hz,稳态频率 50 Hz ±0.2,波形失真≤5%,允许断电持续时间≤4 ms	1. 主电源电压适用范围 在系统总电源输入端接入调压器,将电源电压由 220 V 分别调整为 187 V 和 242 V,每次试验时间不少于 5 min。主电源电压使用精度 0.5 级电压表监视。 2. 备用电源转换功能 使系统处于正常工作状态,切断系统主交流电源,5 min 后恢复,观察此过程中主电源和备用电源自动转换、电源指示灯的变化等系统状态,试验工进行三次。 3. 备用电源容量 使系统由备用电源供点,将精度 0.5 级适当量程的电流表串接在其输出端,用精度 0.5 级 300 V 量程电压表监测电压,测量工作状态的功耗值,估算出备用电源的使用时间。 4. 电磁兼容 按 GB/T 17626.2\GB/T 17626.11 规定的方法进行试验,受试设备应能正常工作
		系统主电源断电时能自动转换到备用电源,主电源恢复后自动转换到主电源,并能保证系统正常工作	
		系统接地电阻。独立接地时,接地电阻不得大于 4 Ω;野外时,接地电阻不得大于 10 Ω;岩石土壤时接地电阻不得大于 20 Ω;系统中所采用基本绝缘和接地措施保证设备安全的接地连接,并采用一点接地方式与系统的保护地相连	
		备用电源容量不低于 1.5 倍系统总消耗功率,连续工作的时间应符合设计要求	
		绝缘电阻≥2 m	
		泄漏电流≤5 mA(交流、峰值)	
11	其他项目	对系统涉及的视频监控系统其他项目应符合国家现行有关标准、工程合同及竣工文件的要求	按照国家现行有关标准、工程合同及系统竣工文件中的要求进行

6.3.3 智能监控系统工程维护

1. 维护基本条件

对监控系统进行正常的设备维护所需的基本维护条件,即做到"四齐",即备件齐、配件齐、工具齐、仪器齐。备件齐:通常来说,每一个系统的维护都必须建立相应的备件库,主要储备一些比较重要而损坏后不易马上修复的设备,如摄像机、镜头、监视器等。这些设备一旦出现故障就可能使系统不能正常运行,必须及时更换,因此必须具备一定数量的备件,而且备件库的库存量必须根据设备能否维修和设备的运行周期的特点不断进行更新。

配件齐:配件主要是设备里各种分立元件和模块的额外配置,可以多备一些,主要用于设备的维修。常用的配件主要有电路所需要的各种集成电路芯片和各种电路分立元件。其他较大的设备就必须配置一定的功能模块以备急用。这样,经过维修就能用小的投入产生良好的效益,节约大量更新设备的经费。

工具和检测仪器齐:要做到勤修设备,就必须配置常用的维修工具及检修仪器,如各种钳子、螺丝刀、测电笔、电烙铁、胶布、万用表、示波器等,需要时还应随时添置,必要时还应自己制作如模拟负载等作为测试工具。

2. 设备维护中的一些注意事项

在对监控系统设备进行维护过程中，应对一些情况加以防范，尽可能使设备的运行正常，主要做好防潮、防尘、防腐、防雷、防干扰的工作。

1）防潮、防尘、防腐

对于监控系统的各种采集设备来说，由于设备直接置于有灰尘的环境中，对设备的运行会产生直接的影响，需要重点做好防潮、防尘、防腐的维护工作。如摄像机长期悬挂于棚端，防护罩及防尘玻璃上会很快被蒙上一层灰尘等的混合物，又脏又黑，还具有腐蚀性，严重影响收视效果，也给设备带来损坏，因此必须做好摄像机的防尘、防腐维护工作。在某些湿气较重的地方，则必须在维护过程中就安装位置、设备的防护进行调整以提高设备本身的防潮能力，同时对高湿度地带要经常采取除湿措施来解决防潮问题。

2）防雷、防干扰

只要从事过机电系统维护工作的人都知道，雷雨天气时，设备遭雷击是常事，给监控设备正常的运行造成很大的安全隐患，因此，监控设备在维护过程中必须对防雷问题高度重视。防雷的措施主要是要做好设备接地的防雷地网，应按等电位体方案做好独立的地阻小于 1Ω 的综合接地网，杜绝弱电系统的防雷接地与电力防雷接地网混在一起的做法，以防止电力接地网杂波对设备产生干扰。防干扰则主要做到布线时应坚持强弱电分开原则，把电力线缆跟通信线缆和视频线缆分开，严格按通信和电力行业的布线规范施工。在室外安装的摄像机，摄像机必须与杆子绝缘，摄像机与防护罩绝缘。

3. 维护保养技术要求及内容

1）闭路电视监控系统

确保前端设备、系统控制功能、监视功能、显示功能、记录回放功能、报警联动功能、图像复核功能等工作正常，确保视频安防监控系统预留接口工作正常，确保系统与北京标准时间误差不超过 60 s。

闭路电视监控系统主要包括：摄像机、云台、监视器、视频矩阵、画面分割器，硬盘录像机、解码器、系统线路等闭路电视监控系统既有项目全部设备的维护保养。

2）周界安防报警系统

确保电子围栏报警功能、防破坏及故障报警功能、记录和显示功能、报警响应时间、报警复核功能等工作正常，确保报警声符合要求，确保报警系统预留接口正常。电子围栏系统维护主要包括：脉冲电子围栏主机、脉冲电子围栏前端及线路维护。

3）安防综合信息管理

确保各子系统和系统之间配套联动的工作正常，防护牢固，工作环境清洁。确保漏电保护功能、UPS后备供电功能、防雷接地功能等工作正常，确保传输功能工作正常。安防综合信息管理维护内容：监控主机、硬盘录像机、监控系统平台、录像数据的维护。

模块小结

智能监控系统是新型现代化安全管理系统，它集微机自动识别技术和现代安全管理措施为一体，它涉及电子，机械，光学，计算机技术，通信技术，生物技术等诸多新技术。它是解决重要部门出入口实现安全防范管理的有效措施。模块6主要需要学习掌握智能监控系统功能和系统组成；智能监控系统工程的施工工艺流程和施工准备工作内容；智能监控系统工程验收标准和验收要点。

问题与思考

1. 监控系统发展历史进过了哪几个阶段？
2. 智能监控系统系统有哪些部分组成？各部分需要完成哪些功能？
3. 智能监控系统有哪些组网方式？
4. 智能监控系统的主要功能有哪些？
5. 智能监控系统施工工艺流程是怎样的？
6. 智能监控系统施工准备包括哪些？
7. 智能监控系统路由通道技术、线缆布防、前端设备安装、中心设备安装技术规范包括哪些？
8. 智能监控系统工程施工的过程中需要注意哪些问题？
9. 智能监控系统检测内容包括哪些？
10. 智能监控工程的验收工作包括哪几个阶段？

技能训练

实训名称	智能监控系统设计方案
实训目的	1. 学会分析用户需求分析提出设计方案。 2. 学会使用 AutoCAD 软件，依据设计方案和现场勘察的情况绘制工程图纸。 3. 学会套用信息通信工程概预算定额，依据设计方案和工程图纸编制工程概预算
实训条件	实地现场勘察、概预算软件、AutoCAD 软件
实训内容	1. 以3人小组（其中1人负责方案书编制、1人负责概预算编制、1人负责工程图纸绘制）为单位组织教学，任课教师可以在学习本章节时布置本实训任务，学生边学习后续章节，边进行智能监控系统设计，待本模块结束时学生再提交设计方案书、概预算和图纸。 2. 每个学生小组可以任选智能监控系统设计内容，也可以有任课教师指定设计内容。 3. 方案书包括设计原则、设计依据、用户需求分析、产品选型、各子系统设计，具体案例见相应章节。 4. 工程概预算需要填写表一、表二、表三（甲、乙、丙）、表四（甲）和表五（甲），可以使用预算软件，也可以手工计算，具体案例见信息通信工程概预算定额册及费用定额。 5. 工程图纸采用 AutoCAD 软件绘制，需要绘制管线图、系统图、建筑平面图、机柜设备布置图，具体案例见教材相应章节

模块 7 智能门禁系统工程

【模块引入】

随着信息产业技术的日新月异以及网络的迅猛发展，智能卡技术已被社会的各行各业所接受并应用，其中非接触式智能卡"一卡通"因其技术的先进、使用的便利、保密安全等特性越来越被广泛地应用在各个领域，政府机关、办公大楼、智能小区、大型企业、商业消费、高速公路收费、校园、医院等，身份识别、停车场管理、门禁、通道控制、考勤、会议签到、访客管理、人事资料、保安巡更、资源管理/电梯控制、消费/POS、图书管理、能源控制等是最常用的功能。

智能门禁，又称出入管理控制系统，是一种管理人员进出的数字化管理系统，采用现代电子与信息技术，在出入口对人或物这两类目标的进、出，进行放行、拒绝、记录和报警等操作。常见的门禁系统有密码门禁系统，非接触卡（感应式 IC、ID 卡）门禁系统，指纹、虹膜、掌型、生物识别门禁系统等。

【知识点】

（1）掌握智能门禁系统功能和系统组成；
（2）掌握智能门禁系统工程的施工工艺流程和施工准备工作内容；
（3）掌握智能门禁系统工程验收标准和验收要点。

【技能点】

（1）能够根据用户需求完成处理与控制单元部分、身份识别单元部分、电锁与执行单元部分等设计工作；
（2）能够根据设计图纸和施工规范完成路由通道敷设、设备箱安装、线缆敷设、终端设备安装、设备接线、调试工作；
（3）能够验收要点完成工程验收工作。

学习单元 7.1 智能门禁系统工程概述

【单元引入】

智能门禁系统是新型现代化安全管理系统，它集微机自动识别技术和现代安全管理措施为一体，涉及电子，机械，光学，计算机技术，通信技术，生物技术等诸多新技术。它是实现重要部门出入口安全防范管理的有效措施。

7.1.1 智能门禁系统的描述

1. 智能门禁系统的基本功能

（1）进出权限管理：可以设置某个人能过哪几个门，或者某个人能过所有的门，也可设置某些人能过哪些门。设置结果可以按门或者按人来排列，用户可以很清晰地看到某个门哪些人能过，或者某个人可以通过哪些门，并可以打印或者输出到 Excel 报表中。

（2）时间段权限管理：可以设置某个人对某个门，星期几可以进门，或每天几点到几点可以进门。

（3）实时门状态显示：可以实时监控所有门的刷卡情况和进出情况。合法卡的实时记录以绿色的方式显示，非法卡的记录以橙色的方式显示，报警记录以红色的方式显示，便于提醒保安人员注意。

（4）实时记录提取：用户可以边实时监控，边自动提取控制器内的记录，每条记录都会及时上传到计算机数据库里。

（5）强制关门/开门：如果某些门需要长时间打开的话，可以通过软件设置其为常开；某些门需要长时间关闭不希望任何人进入的话，可以设置为常闭。或者某些特定时候，例如需要关门抓贼等时也可以设置为常闭。

2. 智能门禁系统的扩展功能

（1）实时监控、照片显示：可以实时监控所有门的刷卡情况和进出情况，可以实时显示刷卡人预先存储在计算机里的照片，以便保安人员和本人核对。如果接上了门磁信号线，用户可以一目了然地看到哪些门是开着的，哪些门是关着的。

（2）卡 + 密码功能：如果使用带密码键盘的读卡器，系统将具备卡 + 密码功能。即该门可以设置为需要用户刷卡后输入正确的密码，卡和密码都正确后才能开门。可以做到一卡一密码，即每个人都拥有自己的密码。该功能可以防止卡被人拣到来开门，或者偷用同事的卡来开门等情况。对于同一个门，可以设置某些人要求卡与密码，某些人只需刷卡就可以进入。密码可以为 1~6 位数。

（3）通行密码功能：每台控制器最多可以存储 16 个通行密码，即用户只要输入这些密码中的任意一个都可以开门，系统不记录该事件和输密码的人。通行密码对该控制器的所有门都有效，如果客户希望不同的门有不同的通行密码，请选用多台单门控制器来控制，不宜使用多门控制器。通行密码为 1~6 位数。

（4）消防报警及联动输出功能：可以设定双门控制器的 2 号门资源或者四门控制器的 2、3、4 号门资源做消防报警用，消防常开信号来驱动相应的继电器动作，打开所有的门或者启动警笛，并在软件界面上显示消防报警。如果启用这样的功能，双门控制器和四门控制器就只能做单门控制器用，只控制一个门。

（5）非法闯入报警：也叫强行开门报警，即没有通过合法方式（刷卡、按钮等）强行开门或者破门而入。系统软件监控界面会用红色信号提示该报警信息的时间和位置，并驱动音箱提醒值班人员注意。如果需要现场驱动报警器鸣叫，需将双门控制器做单门用途，2 号继电器用于驱动报警器。该功能需要加装门磁或者选用带门磁反馈信号输出的电锁并连线到控制器。

（6）门长时间未关闭报警：门被合法打开 25 s（该时间设置暂时不能自定义，系统已经固化）后忘记关门，系统软件监控界面会用红色信号提示该报警信息的时间和位置，并驱动电脑音箱提醒值班人员注意。如果需要现场驱动报警器鸣叫，需要将双门控制器做单门用途，

2 号继电器用于驱动报警器。该功能需要加装门磁或者选用带门磁反馈信号输出的电锁并连线到控制器。

（7）胁迫报警：当工作人员被人胁迫要求打开门的时候，工作人员可以在密码键盘上输入胁迫密码，门被打开，工作人员也暂时不会受到伤害，而总控制中心的软件监控界面上已经显示出该地点有被胁迫开门的报警信息，可及时采取措施。同时在控制中心的音箱会发出报警声音，提醒值班工作人员及时注意。

（8）非法卡刷卡报警：又叫无效卡刷卡报警，即有人用未授权的卡试图刷卡，系统会在监控软件界面予以红色信号提示报警，并驱动计算机音箱，以提醒值班人员注意。如果需要现场驱动警笛或者红绿灯提示，可以启动联动输出功能。不过这样就只能把双门控制器做单门用。

（9）反潜回、防尾随功能：有些特定的场合要求执卡者从某个门刷卡进来就必须从某个门刷卡出去，刷卡记录必须一进一出严格对应。假如进门未刷卡，则是尾随别人进来的，出门刷卡时系统就不允许出去；如果出门未刷卡，则是尾随别人出去，下次就不允许进来。或者某人刷卡进来后，从窗户将卡丢给其他人，试图让他人进来，系统也会拒绝该人刷卡进来。该功能一般用于部队、国防科研等场合。

（10）互锁：在某些特定场合，要求某个门没有关好前，另外一个门是不允许人员进入的。双门控制器可以实现双门互锁，四门控制器可以实现双门互锁、三门互锁、四门互锁。该功能主要用于银行、储蓄所、金库等需严格管理的场合。

（11）多卡开门：在某些特定场合需要启用该功能，即要求几个人同时到场，依次刷卡门才打开，某个人单独到场刷卡不开门。该功能一般用于银行金库、古董收集场所、博物馆等。多卡数可以设置为 2~10 人，例如，如果一门只授权了 3 个人可以进入，多卡开门参数设置为 3，就是要求 3 个人同时到场轮流刷卡之后门才会开。如果一门只授权了 5 个人可以进入，多卡开门参数设置为 3，就是要求 5 个人中任意 3 个人同时到场轮流刷卡后门才会开。该功能是对控制器设置的，不是对门设置的。如果一个多门控制器启用了该功能，则该多门控制器所辖的每个门都必须多卡开门。如果客户只是要求其中一个门为多卡开门，就需要单独为其准备一个单门控制器来控制。可以将系统设置为进门多卡、出门单卡开门，也可以设置为进门多卡，出门也要多卡。

（12）定时常开门/闭门功能：该功能又叫定时任务功能。某些对外新增的办公场合，例如民政局办公大厅、大使馆等，要求白天上班时间门打开，外面来办事的人员可以自由出入，晚上下班后，要求本单位人员刷卡才允许进出，不允许外来人员进入，而在深夜，门保持关闭状态，本单位内部员工也不允许出去，这就可以启用该功能来实现。例如，设置该门早上 8:30 常开，晚上 6:30 在线，凌晨 12:00 常闭。该功能可以对某个门也可以对所有门设置，每个控制器最多可以设置 64 个定时任务。该功能是可以脱机运行的。

（13）记录按钮开门事件：启用该功能可以记录按钮何时被人按过开门。虽然不能记录是谁按了按钮，但是可以知道按钮何时被人按过，昨晚最后一个人是几点走的。

（14）定时提取记录功能：可以设置计算机程序几点钟自动提取控制器内的记录。一天可以设置多个提取记录的时间，避免客户提取大量数据时长时间占用计算机。提取记录的速度大约是 4 万条记录/时。使用该功能需要计算机和软件当时都处于运行状态。

（15）定时上传权限功能：由于上传权限时控制器无法判断卡权限的合法性，需上传完毕才判断，因此如果大量上传权限时，控制器会有一小段时间不允许还没来得及上传权限的卡通过，所以采用定时上传权限功能可以使得系统在夜里没有人使用门禁时进行自动上传。上传权限需要计算机和软件当时都处于运行状态。

3. 智能门禁系统的应用

1）在写字楼公司办公中的应用

在公司大门上安装门禁可以有效地阻止外来推销员进入公司扰乱办公秩序，也可以有效地阻止外来闲杂人员进入公司，保证公司及员工财产的安全；可以显示和提高公司的管理档次，提高企业形象；可以有效地追踪员工是否擅离岗位；可以通过配套的考勤管理软件进行考勤，无须购买打卡机，考勤结果更加客观公正，而且统计速度快、准确；可以大大降低人事部门的工作强度和工作量；可以有效解决某些员工离职后不得不更换大门钥匙的问题；可以方便灵活地安排任何人对各个门的权限和开门时间，只需携带一张卡，无须佩戴大量沉甸甸的钥匙，而且安全性比钥匙更让人放心。在公司领导办公室门上安装门禁系统可以保障领导办公室的资料和文件不会被其他人看到而泄漏，可以给领导一个安全安静的私密环境。在技术开发部门安装门禁系统，可以保障核心技术资料不被外人进来随手轻易窃取，也可防止其他部门的员工到开发部串岗影响开发工作。在财务部门安装门禁系统，可以保障财物的安全性，以及公司财务资料的安全性。在生产车间大门上安装门禁系统，可以有效地阻止闲杂人员进入生产车间，避免造成安全隐患。

2）在智能化小区出入管理控制中的应用

一般在小区大门（栅栏门、电动门）、单元的铁门、防火门、防盗门上安装门禁系统，可以有效地阻止闲杂人员进入小区，对小区进行封闭式管理。另外，门禁系统的应用，可以改变小区保安通过记忆来判断是否是外来人员的不准确的、不严谨的管理方式。如果是小区业主，新来的保安加以阻拦会引起业主的反感；如果是外来的人员，保安也许以为是业主而未加询问，这样也会带来安全隐患。安全科学的门禁系统可以提高物业的档次，更有利于发展商推广楼盘。业主也会从科学有效的出入管理中得到实惠。联网型的门禁有利于保安随时监控所有大门的进出情况，如果有事故或案件发生可以事后查询进出记录。可以和楼宇对讲系统或可视对讲系统结合使用，可以和小区内部消费停车场管理等实现一卡通。

3）在电信基站和供电局变电站的应用

电信基站和供电局变电站的特点是：基站很多，要求系统容量大，分布范围很广，甚至达几百平方千米，有自己的网络进行联网，有的地方是无人值守的，需要中央调度室随时机动调度现场的工作人员。实现方案是采用网络型门禁控制器，通过 TCP/IP 内部网或者互联网（需固定 IP）进行远程管理。

4）在医疗系统的应用

可以阻止外来人员进入传染区域和精密仪器房间。可以阻止有人将细菌带入手术室等无菌场合。可以阻止不法群体冲击医院的管理部门及医疗部门，以免因为情绪激动损害公物或伤害医患人员。

5）在政府办公机构中的应用

可以有效地规范办公秩序，阻止不法人员冲击政府办公部门，保护国家财产的安全，保护领导及办公人员的人身安全。

7.1.2 智能门禁系统的组成

1. 智能门禁系统组成

智能门禁系统可以由识别卡、读卡器、门禁控制器、电子锁、传输线路、管理系统软件等部分组成。系统的前端设备为各种出入口目标的识别装置和门锁启闭装置（执行机构）；传输方式一般采用专线或网络传输；系统的终端为显示控制通信设备，可采用独立的门禁控制器，也可以通过计算机网络对各门禁控制器实施集中监控。

2. 智能门禁系统各部分介绍

1）控制器

门禁控制器主要负责整个系统输入、输出信息的处理和储存、控制等，可验证门禁读卡器输入信息的可靠性，并根据出入规则判断其有效性，若有效则对执行部件发出动作信号。控制器是门禁系统的核心部分，它由一台微处理机和相应的外围电路组成，实物图如图 7.1.1 所示。如将读卡器比作系统的"眼睛"，将电磁锁比作系统的"手"，那么控制器就是系统的"大脑"。由它来确定某一张卡是否为本系统已注册的有效卡，该卡是否符合所限定的授权，从而控制电锁是否打开。

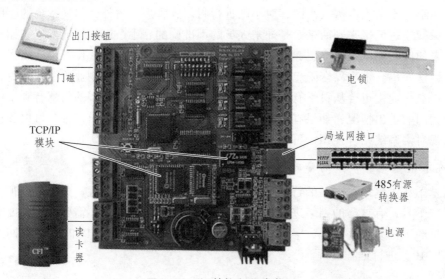

图 7.1.1　门禁控制器实物图

2）读卡器

门禁读卡器负责读取卡片中的数据信息，并将这些信息传送到门禁控制器。读卡器分为接触式读卡器（磁条、IC）和感应卡（非接触式）读卡器（依数据传输格式的不同，可分为韦根、智慧等）等几大类，它们之间又有带密码键盘和不带密码键盘的区别，实物图如图 7.1.2 和图 7.1.3 所示。感应式读卡器利用无线频率辨识（RFID）技术，这是一种在卡片与读卡装置之间无须直接接触的情况下就可读取卡上信息的方法。

图 7.1.2　读卡器实物图

图 7.1.3　无人值守人行通道闸实物图

3）电锁

电锁即电子门锁，是门禁系统中的执行部件，利用电生磁的原理，当电流通过硅钢片时，电磁锁会产生强大的吸力紧紧地吸住铁板达到锁门的效果。门禁系统所用电锁一般有门禁磁力锁，门禁电插锁，门禁阴极锁，门禁阳极锁，门禁电控锁等，实物图如图 7.1.4 所示。

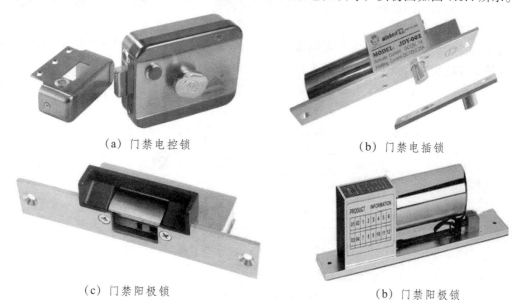

（a）门禁电控锁　　　　　　　　　　（b）门禁电插锁

（c）门禁阳极锁　　　　　　　　　　（b）门禁阳极锁

图 7.1.4　门禁电子门锁实物图

4）识别卡

识别卡是用于门禁系统中的卡，如出入证、门禁卡、停车卡、会员卡等。识别卡在发放最终用户使用前，经由系统管理员设置，确定可使用区域及用户权限，用户使用识别卡刷卡进入管理区域，无识别卡或权限未开通用户，不能进入管理区域。按照工作原理和使用方式等方面的不同，可将识别卡分为接触式和非接触式、IC 和 ID、有源和无源等类型，如图 7.1.5 所示。通常磁卡的一面印刷有说明或提示性信息，如插卡方向，另一面则有磁层或磁条，具有两三个磁道以记录有关信息数据。

图 7.1.5　门禁卡

接触式识别卡又称为磁卡（ID 卡）：优点是成本较低，一人一卡，可联微机，有开门记录。缺点是卡片、设备有磨损，寿命较短，卡片容易复制，不易双向控制，安全性一般，卡片信息容易因外界磁场丢失，使卡片无效。

感应式门禁卡又称为射频卡（IC 卡）：优点是卡片与设备无接触，开门方便安全；寿命长，理论数据至少十年；安全性高，可联微机，有开门记录；可以实现双向控制；卡片很难被复制。缺点是成本较高。

5）管理系统软件

管理系统软件负责门禁系统的监控、管理、查询等工作。管理人员可通过门禁软件对通道门的状态、门禁控制器的工作情况进行监控管理，并可扩展完成巡更、考勤、人员定位等功能。具体功能如下：

（1）设备注册：比如在增加控制器或是卡片时，需要重新登记，以使其有效；在减少控制器或是卡片遗失、人员变动时使其失效。增加用户如图 7.1.6 所示。

图 7.1.6　增加用户

（2）权限管理：对已注册的卡片，设定哪些用户可以通过哪些门，哪些用户不可以通过；设定某个控制器可以让哪些卡片通过，不允许哪些卡片通过；对于计算机的操作要设定密码，以控制哪些用户可以操作，如图 7.1.7 所示。

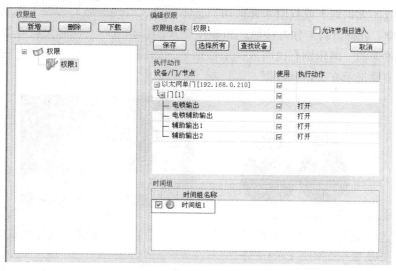

图 7.1.7　权限管理

（3）时间管理：可以设定某些控制器在什么时间可以或不可以允许持卡人通过；哪些卡在什么时间可以或不可以通过哪些门等，如图 7.1.8 所示。

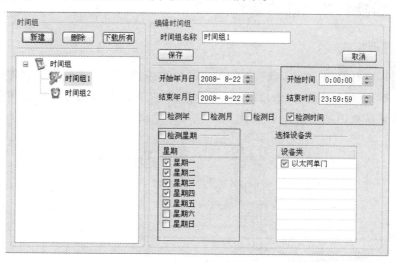

图 7.1.8　时间管理

（4）数据库的管理：对系统所记录的数据进行转存、备份、存档和读取等处理。系统正常运行时，对各种出入事件、异常事件及其处理方式进行记录，保存在数据库中，以备日后查询，如图 7.1.9 所示。

（5）报表生成：能够根据要求定时或随机地生成各种报表。比如，可以查找某个人在某时间内的出入情况，某个门在某段时间内都有谁进出等，可以生成报表，并打印出来，进而组合出"考勤管理""巡更管理"和"会议室管理"等。

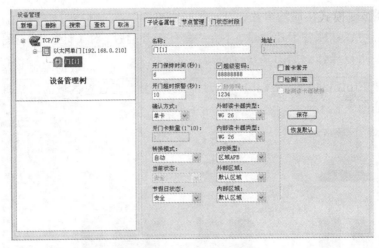

图 7.1.9　搜索设备

（6）网间通信：门禁系统不是作为一个单一的系统而存在，它要向其他系统传送信息。比如在遇到有人非法闯入时，要向电视监视系统发出信息，使摄像机能监视该处情况，并进行录像。所以要有系统之间通信的支持。

（7）管理系统除了完成所要求的功能外，还应有漂亮、直观的人机界面，使人员便于操作。

7.1.3　智能门禁系统的架构

1. 单机管理模式

此模式是一台计算机（PC）通过 RS422/485 线路管理门禁，数据库和管理软件安装在管理计算机上，管理计算机通过 RS422/485 转换器或 TCP/IP 转换器连接和管理所有门禁机，单机管理模式系统框图如图 7.1.10 所示。

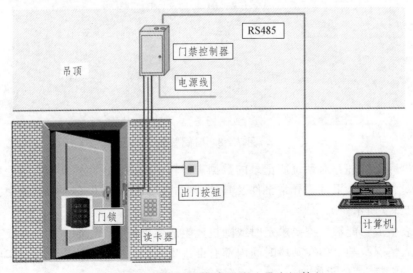

图 7.1.10　单机管理模式系统（最小门禁）

2. 局域网管理模式

局域网管理模式是对大型门禁系统或有需要分区域管理的系统，设置一台数据库服务器，管理计算机工作站可以有多台，每台管理计算机都共同访问数据库服务器上的数据，并通过 RS422/485、10BASE-T 或 TCP/IP 通信方式连接和管理各自区域的门禁机，局域网管理模式系统框图如图 7.1.11 所示。

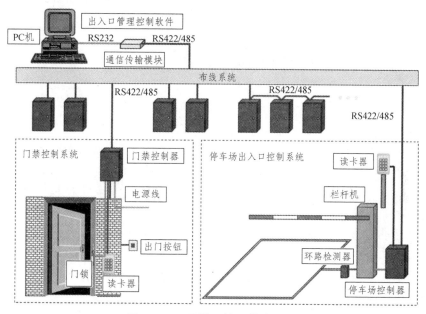

图 7.1.11　局域网管理模式系统

3. Internet 管理模式

此模式适合 Internet 网络连接的远程统一管理,门禁点本地不设管理计算机,通过 Internet 或无线通信由远程中心管理工作站统一管理,Internet 管理模式系统框图如图 7.1.12 所示。

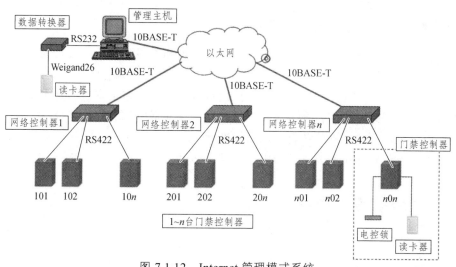

图 7.1.12　Internet 管理模式系统

学习单元 7.2 智能门禁系统工程施工

【单元引入】

本学习单元结合国内现行的智能门禁系统工程技术标准及实施大型一卡通项目的实际工程经验，全面系统地介绍了智能门禁系统的管线铺设、线缆布防、设备安装及调试等，为实际智能门禁系统工程的施工工作提供参考依据。

7.2.1 智能门禁系统施工描述

1. 施工技术一般规定

（1）严格按照批准后施工图设计进行施工。

（2）接到任务书，制订详细的施工方案、计划和进度，确保按时完成任务。

（3）审核施工图后，组织相关的施工人员，讲解本次施工的要点、要求和注意事项，使施工人员明确施工的性质、内容和任务，按期、按质、按量完成施工任务。

（4）遵守国家或部委颁发的法规、标准和规范。

（5）严格执行国家相关部门颁发的工程施工及验收技术规范或工程及验收暂行技术规定，以及省电信公司的有关文件规定和要求。

（6）坚持以施工质量为第一位的宗旨，加强施工现场的管理和施工监督，严格执行施工规范。做到施工工艺精良，各种测试项目齐全、记录清楚、文字端正、数据准确。符合相关技术要求。

（7）严格按施工操作程序施工，做到文明施工、文明生产。施工中做好防火、防电、防雷、防化学气体、防事故等预防性的工作，做到施工人员的安全及设备材料的安全。鉴于安全生产责任重大，严格执行国家有关标准和内蒙古兴泰电子科技有限责任公司安全目标责任状的相关规定。

2. 安全操作技术一般规定

（1）注意施工环境，检查作业范围内有无危险地段和可能坠物地带及其他障碍物。作业人员应按规定穿戴、使用防护用品、用具。

（2）所有支架安装等外部设备要符合监控设备载重要求，包括安装面是否适合承重等。

（3）所有监控线路安装均符合公司及国家标准，保证强电和弱电线路分开。尽量使用带屏蔽层的电源线、控制线。视频线符合国家标准。

（4）机柜摆放位置和接地要求符合国家标准。

7.2.2 智能门禁系统施工准备

1. 工艺流程

智能门禁系统施工工艺流程如图 7.2.1 所示。

图 7.2.1　智能门禁系统施工工艺流程图

2. 施工准备

1）开工前现场项目经理和技术员的准备资料

现场项目经理和技术员做好施工资料的移交、技术交底工作，施工队长应详细阅读移交的所有资料，了解工程范围、进度、质量等要求，组织调配好自身队伍的施工人员、施工工具，并对施工人员做好技术交底等工作。制定《现场施工资料交接单》，施工队长签收。

2）开工前施工队长的准备资料

开工前施工队长应尽可能根据所得到的资料，及早发现施工图纸、施工文件、施工进度计划中的问题，并及时向项目部提出，由现场项目经理牵头各相关方沟通、协调，以达成一致，如协调的内容超出现场项目经理权限，需公司相关领导做出协调安排，如不能达成一致，将按原施工图纸、施工文件、施工进度计划执行，所有问题及执行情况形成确认记录。

3）开工前施工队长应有计划

开工前施工队长应有计划地在各施工岗位上配置满足施工要求、满足进度要求的合适数量的施工人员及施工工具，并将施工各阶段、各单项工程所安排的施工人数、单项工程负责人等信息（名单、上岗证、身份证及照片）填表提交给项目部。

7.2.3　智能门禁系统路由通道

1. 线管敷设技术规范

（1）明配管根据设计图加工支架、吊架、抱箍等铁件以及各种盒、箱弯管。

（2）明配管弯曲半径一般不小于管外径的 6 倍。如有一个弯时，可不小于管径的 4 倍。加工方法可采用冷煨法，支架、吊架应按设计图要求进行加工。支架的规格设计无规定时，应不小于以下规定：扁铁支架 30 mm × 3 mm，角钢支架 25 mm × 25 mm × 3 mm。

（3）固定点的间距应均匀，管卡与终端、转弯中点、电气器具或接线盒边缘的距离为 150 ~ 500 mm。

（4）穿线钢管固定方法：胀管法、木砖法、预埋铁件焊接法、稳注法、剔注法、抱箍法。

（5）管路敷设。水平或垂直敷设明配管允许偏差值：管路在 2m 以上时，偏差为 3 mm，全长不应超过管子内径的 1/2。检查管路是否通畅，内侧有无毛刺，镀锌层或防锈漆是否完整无损，管子不顺直者应调直。

（6）敷管时，先将管卡一端的螺丝拧进一半，然后将管敷设在管卡内，逐个拧牢。使用铁支架时，可将钢管固定在支架上，不许将钢管焊接在其他管道上。

（7）管路连接：管路连接应采用丝扣连接，或采用扣压式管连接。

（8）管与管的连接。

① 管箍丝扣连接：套丝不得有乱扣现象，管箍必须使用通丝管箍。上好管箍后，管口应对严，外露丝扣不应多于 2 扣。

② 套管连接：只用于暗配管且管壁厚度大于 2 mm 非镀锌导管。套管长度为连接管径的 2.2 倍，连接管口的对口处应在套管的中心，焊口应焊接牢固严密，如图 7.2.2 所示。

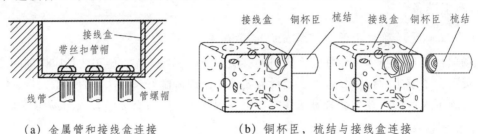

（a）金属管和接线盒连接　　　　（b）铜杯臣，梳结与接线盒连接

图 7.2.2　金属管的连接

③ 金属导管严禁对口熔焊连接，镀锌和壁厚小于等于 2 mm 的钢导管不得采用套管熔焊连接。

④ 镀锌钢导管、可挠性导管不得熔焊跨接接地线，接地线采用截面积不小于 4 mm² 的软铜导线，并用专用接地卡做跨接连接，如图 7.2.3 所示。

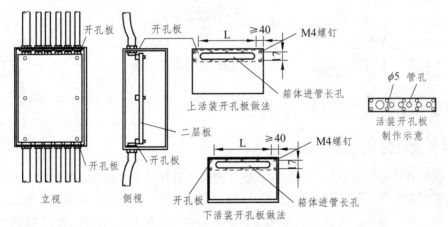

图 7.2.3　配电箱多管进箱预留活装开孔板做法示意图

（9）管与盒、箱的连接。

① 盒、箱开孔应整齐并与管径相吻合，要求一管一孔，不得开长孔。铁制盒、箱严禁用电、气焊开孔。

② 管口入箱位置应排列在箱体二层板后，跨接地线应焊在暗装配电箱预留的接地扁钢上，管与盒跨接地线可焊在暗装盒的扣为 2~3 扣。两根以上管入盒、箱应长短一致，间距均匀，排列整齐。

（10）金属软管引入设备时，应符合下列要求：

① 金属软管与钢管或设备连接时，应采用金属软管接头连接，长度不宜超过 1 m。

② 金属软管用管卡固定，其固定间距不应大于 1 m。

③ 不得利用金属软管作为接地导体。

2. 线槽敷设技术规范

（1）线槽直线段连接应采用连接板，用垫圈、弹簧垫圈、螺母紧固，连接处应严密平整无缝隙。

（2）线槽进行交叉、转弯、丁字连接时，应采用单通、二通、三通、四通等进行变通连接，线槽终端应加装封堵。导线接头处应设置接线盒或将导线头放在电气器具内。

（3）线槽采用钢管引入或引出导线时，可采用分管器或用螺母将管口固定在线槽上。

（4）建筑物的表面有坡度时，线槽应随其坡度变化。

（5）线槽盖板安装后应平整、无翘角，出线口的位置应准确。

（6）在吊顶内敷设时，如果吊顶无法上人应留检修孔。

（7）穿过墙壁的线槽四周应留出 50 mm 空隙，并用防火材料封堵。

（8）金属线槽及其金属支架和引入引出的金属导管必须接地可靠。

（9）线槽经过建筑物的变形缝（伸缩缝、沉降缝）时，线槽本身应断开，槽内用内连接板搭接，不需固定。保护地线和槽内导线均应留有补偿余量。

（10）敷设在竖井、吊顶、通道、夹层及设备层等处的线槽应符合现行国家标准《高层民用建筑设计防火规范》（GB 50045）的有关防火要求。

7.2.4 智能门禁系统线缆布放

1. 线缆敷设技术规范

（1）清扫管路的目的是清除管路中的灰尘、泥水及杂物等。清扫管路的方法：将布条的两端牢固绑扎在带线上，从管的一端拉向另一端，以将管内杂物及泥水除尽为目的；穿带线的目的是检查管路是否通畅。作为电线的牵引线，先将钢丝或铁丝的一端馈头弯回不封死，圆头向着穿线方向，将钢丝或铁丝穿入管内，边穿边将钢丝或铁丝顺直。如不能一次穿过，再从另一端以同样的方法将钢丝或铁丝穿入。根据穿入的长度判断两头碰头后，再搅动钢丝或铁丝。当钢丝或铁丝头绞在一起后，再抽出一端，将管路穿通。

（2）布放线缆应排列整齐，不拧绞，尽量减少交叉，交叉处粗线在下，细线在上。

（3）所敷设的线缆两端必须做标记，屏蔽电缆的屏蔽层均需单端可靠接地。

（4）交流电源线与信号线必须分别穿管，且两管长距离平行布置时应相距 50 cm 以上；直流电源线与信号线穿同根管时，尽量采用屏蔽线。

（5）通常情况下，开关电源安装在管理中心，交流 220 V 电源由管理中心处经开关电源转换为直流电后供至各门禁点，在某些情况下交流 220 V 电源也可就近接取，但应符合相关规范。

（6）穿线要求做好线标，线的接头一定要放在接线盒内；读卡器与控制器之间信号线采用屏蔽线；读卡器电源线采用 2 芯电源线，线径要求不小于 0.5 mm^2，型号：RVVP2×0.5 mm^2。

（7）电控锁的电源线采用 2 芯电源线，线径要求大于 1.0 mm^2，型号：RVV2×1.0 mm^2。

（8）出门按钮与控制器之间采用 2 芯线，线径要求大于 0.5 mm^2，型号：RVV2×0.5 mm^2。

（9）门磁与读卡器之间采用 2 芯线，线径要求大于 0.5 mm^2，型号：RVV2×0.5 mm^2。

（10）控制器与控制器、控制器与 485 协议转换器之间的 485 信号线（485 总线），采用

2芯屏蔽线（必须为双绞线），线径要求大于 0.5 mm²，型号：RVVP2 × 0.5 mm²。

（11）485 总线上各个点，尽量采用手拉手的连线方式，以减少 485 总线的损耗。

7.2.5　智能门禁系统设备安装

1. 设备箱安装技术规范

（1）设备箱安装位置、高度应符合设计要求，在无设计要求时，宜安装于较隐蔽或安全的地方，底边距地宜为 1.4 m。

（2）暗装设备箱体箱时，箱体框架应紧贴建筑物表面。严禁采用电焊或气焊将箱体与预埋管焊在一起。管入箱应用锁母固定。

（3）明装设备箱时，应找准标高，进行钻孔，埋入金属膨胀螺栓进行固定。箱体背板与墙面平齐。

（4）设备箱的交流电源应单独敷设，严禁与信号线或低压直流电源线穿在同一管内。

2. 控制器的安装技术规范

（1）控制器分成多门控制器与单门控制器，本小区采用多门控制器，安装于弱电井内，此时要求从弱电井控制器穿通信线至读卡器、穿电源线至电控锁。

（2）控制器的固定应不少于三个螺丝，保证牢固。位置的选择要隐蔽或是日常人不能进入的房间。

（3）控制器的安装要牢固、美观、保证安全，最好和开关电源等设备一起放置在专门提供的机柜内加上保护。

（4）按设计及产品说明书的接线要求，将控制器盒内甩出的导线与读卡器等设备的接线端子进行压接。

3. 读卡器的安装技术规范

（1）读卡器的安装应符合技术说明书的要求。

（2）读卡器一般安装在门外右侧，距地高度 1.4 m，距门框 3～5 cm，电源可与控制器一起，也可将 2 芯电源线拉至控制室，由开关电源统一供电。

（3）使用专用机螺钉将读卡器固定在暗装预埋盒上，固定应牢固可靠，使面板端正，紧贴墙面，四周无缝隙，如图 7.2.4 所示。

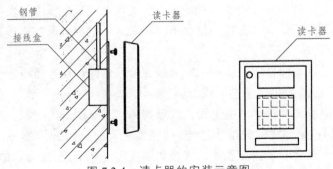

图 7.2.4　读卡器的安装示意图

（4）读卡器、出门按钮等设备的安装位置和标高应符合设计要求。如无设计要求，读卡器和出门按钮的安装高度宜为 1.4 m，与门框的距离宜为 100 mm。

4. 开门按钮的安装技术规范

开门按钮安装在室内门侧，高度与读卡器高度平齐。引 2 芯线至读卡器，如果使用单门控制器，则引 2 芯线至单门控制器。

5. 电控锁的安装技术规范

（1）安装电磁锁、电控锁、门磁前，应核对锁具、门磁的规格、型号是否与其安装的位置标高、门的开关方向相匹配，如图 7.2.5 和 7.2.6 所示。

（2）电磁锁、电控锁、门磁等设备安装时应预先在门框、门扇对应位置开孔。首先将电磁锁的固定平板和衬板分别安装在门框和门扇上，然后将电磁锁推入固定平板的插槽内，即可固定螺丝，最后按图连接导线。

（3）电锁的电源线须走门内侧或墙体内，必须不易被发现破坏。

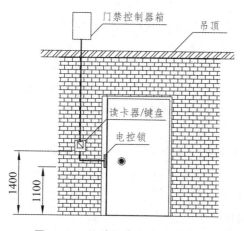
图 7.2.5　终端设备的安装（门外）

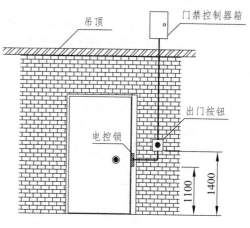
图 7.2.6　终端设备的安装（门内）

6. 其他设备安装技术规范

（1）对讲分机应安装在户门墙内侧，二次确认门铃设置于分机背面户外侧墙上，高度均为底边距地面 1.4 m 处。

（2）门口主机设置于楼门口或单元门口一侧，一般采用嵌入安装，高度为底边距地 1.4 m。

（3）产品安装前，必须依据出厂的图纸或技术文件进行全部通电检查，并记录结果，合格后方可安装。

7.2.6　智能门禁系统设备调试

1. 设备接线调试

（1）接线前，将已布放的线缆再次进行对地及线间绝缘摇测，合格后按照设备接线图进行设备端接。

（2）门禁控制主机采用专用接头与线缆进行连接，且压接牢固。设备及电缆屏蔽层应压接好保护地线，接地电阻值不应大于 1 Ω。

（3）按照设计图纸及产品说明书，连接系统打印机、UPS 电源等外围设备。

（4）在系统管理主机上安装门禁系统管理软件，并进行初始化设置。

2. 系统的功能检测

（1）系统主机在离线的情况下，门禁控制器独立工作的准确性、实时性和储存信息的功能。

（2）系统主机与门禁控制器在线控制时，门禁控制器工作的准确性、实时性和储存信息的功能。

（3）系统主机与门禁控制器在线控制时，系统主机和门禁控制器之间的信息传输及数据加密功能。

（4）检测掉电后，系统启用备用电源应急工作的准确性、实时性和信息的存储和恢复能力。

（5）通过系统主机、门禁控制器及其他控制终端，使用电子地图实时监控出入控制点的人员，并防止重复迂回出入的功能及控制开闭的功能。

（6）系统对非法强行入侵及时报警的能力。

（7）系统对处理非法进入系统、非法操作、硬件失效等任何类型信息及时报警的能力。

（8）检测本系统与相关的综合安全防范子系统、消防系统报警时的联动功能。

（9）现场设备的接入率及完好率测试。

（10）出入口管理系统工作站应保存至少 1 个月（或按合同规定）的存储数据记录。

3. 系统的软件检测

（1）演示软件的所有功能，以证明软件功能与任务书或合同书要求一致。

（2）根据需求说明书中规定的性能要求，包括精度、时间、适应性、稳定性、安全性以及图形化界面友好程度，对所验收的软件逐项进行测试，或检查已有的测试结果。

（3）对软件系统操作的安全性进行测试，包括：系统操作人员的分级授权、系统操作人员操作信息的详细只读存储记录等。

（4）在软件测试的基础上，对被验收的软件进行综合评审，给出综合评价，包括：软件设计与需求的一致性、程序与软件设计的一致性、文档（含培训软件、教材和说明书）描述与程序的一致性、完整性、准确性和标准化程度等。

学习单元 7.3 智能门禁系统工程验收

【单元引入】

本学习单元介绍了智能门禁系统验收的基本程序、检验项目和要求、试验方法及检验规则，适用于智能小区、智能园区、智能校园、智能建筑等，为智能门禁系统工程的验收工作提供参考依据。

7.3.1 智能门禁系统工程描述

智能门禁工程的验收工作对于保证工程的质量起到重要的作用，也是工程质量的四大要素"产品、设计、施工、验收"的一个组成内容。工程的验收体现于新建、扩建和改建工程的全过程，就智能门禁系统工程而言，和土建工程密切相关，而且又涉及与其他行业间的接口处理。验收阶段分为开工前检查、随工验收、初步验收、竣工验收等几个阶段，每一阶段都有其特定的内容。

1. 开工前检查

工程验收是从工程开工之日就开始了，从对工程材料的验收开始。开工前检查包括设备材料检验和环境检验。设备材料检验包括查验产品的规格、数量、型号是否符合设计要求，材料设备的外观检查、抽检缆线的性能指标是否符合技术规范等。环境检查包括查土建施工的地面、墙面、门、电源插座及接地装置、机房面积、预留孔洞等环境。

2. 随工验收

在工程中为随时考核施工单位的施工水平和施工质量，对产品的整体技术指标和质量有一个了解，部分的验收工作应该在随工中进行，比如布线系统的电气性能测试工作、隐蔽工程等。这样可以及早地发现工程质量问题，避免造成人力和器材的大量浪费。

随工验收应对工程的隐蔽部分边施工边验收，在竣工验收时，一般不再对隐蔽工程进行复查，由工地代表和质量监督员负责。

3. 初步验收

对所有的新建、扩建和改建项目，都应在完成施工调测之后进行初步验收。初步验收的时间应在原定计划的建设工期内进行，由建设单位组织相关单位（如设计、施工、监理、使用等单位人员）参加。初步验收工作包括：检查工程质量，审查竣工资料等，对发现的问题提出处理意见，并组织相关责任单位落实解决。

4. 竣工验收

工程竣工验收为工程建设的最后一个程序，其内容应包括：确认各阶段测试检查结果；验收组认为必要的项目的复验；设备的清点核实；全部竣工图纸、文档资料审查；工程评定和签收。

7.3.2 智能门禁系统工程验收

1. 验收依据

（1）按照国家标准《智能建筑工程质量验收规范》（GB 50339-2003）第 8.3.7 条的规定

对门禁系统进行检验，门禁系统的前端设备（各类读卡器、识别器、控制器、电锁等）抽验数量不低于设备总数的 20%。系统功能、软件功能和数据记录等应全数检测。检测结果符合设计要求的为合格，被检设备的合格率应为 100%。

（2）按照国家标准《民用闭路监视电视系统工程技术规范》（GB 50198-94）和《智能建筑工程质量验收规范》（GB 50339-2003）第 4.5.7 条的规定，对楼宇对讲视频图像质量进行主观评价。系统的主观评价不应低于 4 级标准。

2. 验收项目

智能门禁系统验收项目如表 7.3.1 所示。检测结论作为工程竣工资料的组成部分及工程验收的依据之一。

表 7.3.1　智能门禁系统验收项目

序号	检验项目		检验要求	检验方法
1	一般要求		门禁系统宜支持 TCP/IP 协议，双方系统对接时，有统一规范、描述清晰的接口文档	检查门禁系统的各组成部分、通信方式及协议
2	基本功能	出入授权功能	应能设定目标的出入授权，授权内容应包括时间、出入目标、出入口、出入次数和通行方向	对系统进行出入授权操作，并检查授权内容及授权操作是否有效，判定结果应符合预期设置
3		报警功能	1.发生以下情况时，应能发出本地声/光报警： （a）连续三次在识读部分或管理/控制部分上实施错误操作； （b）执行部分强行开启或未正常锁闭； （c）门强行开启或超时未关闭	分别在识读部分或管理/控制部分上实施 3 次错误操作、执行部分强行开启或未正常锁闭、门强行开启或超时未关闭操作，检查系统报警功能
			2.发生以下情况时，门禁系统应能通过系统软件发出声/光报警，并按时间顺序显示报警信息，报警信息应包括报警类型和发生时间： （a）~（c）同上。 （d）拆除、打开识读部分或管理/控制部分； （e）输入报警钥匙信息； （f）管理/控制部分电源输入端断路或者短路； （g）发生传输线路断开等连接中断故障。 其中（a）~（e）应能显示报警位置，不能同时显示所有报警信息时，应发出未读提示，未显示的报警信息应可查询	分别在识读部分或管理/控制部分上实施 3 次错误操作、执行部分强行开启或未正常锁闭、门强行开启或超时未关闭操作、输入报警钥匙信息、使管理/控制部分电源断路或短路、断开传输线路操作，检查系统软件警情显示情况
			3.报警应通过人工方式解除。	发生上述报警后，检查解除报警的方式和解除报警的结果

序号	检验项目		检验要求	检验方法
4	基本功能	视频联动功能	门禁系统应与视频监控系统联动，在正常开启或发生上述报警情况时，对应的监控图像应自动切换至显示器并自动抓拍图片，图片数量应大于或等于3张，分辨率应大于或等于704×576，图片间隔时间应可调节	分别在正常开启情况和(a)~(e)的各报警情况下检查视频联动功能是否正常，检查监控图像是否自动切换，检查自动抓拍图片的数量、分辨率和间隔时间
5		识读功能	识读部分应能识别钥匙信息（生物特征、密码、智能卡等）并将信息传递给管理/控制部分处理。采用智能卡识别方式时，应配合密码使用	检查门禁系统识读部分支持的钥匙信息种类及数量，分别进行每种钥匙的识读试验，并检查采用智能卡时是否要求输入密码
6		互锁功能	AB门应能实现联动互锁	AB门联动互锁功能试验按 GA 576-2005 中 6.1.2~6.1.7 规定的试验方法进行
7		独立运行功能	管理/控制部分应能脱离系统软件独立运行	将管理/控制部分与系统软件通信中断，检查管理/控制部分运行是否正常
8		控制功能	执行部分应能接收管理/控制部分发来的出入控制命令，在出入口做出相应的动作或提示，实现门禁系统的拒绝与放行操作或指示	通过管理/控制部分对执行部分进行正常启闭操作
9		断电锁闭功能	门禁系统断电时执行部分应处于锁闭状态，各方位伸出的锁舌不应出现松动或被撬开	切断正常工作状态下门禁系统的供电，检查锁舌是否处于锁闭状态；使用工具拨动锁舌，检查锁舌是否出现松动或被撬开的现象
10		应急开启功能	门禁系统应能通过专用装置应急开启锁具	检查专用装置并进行应急开锁操作
11		过流保护功能	识读部分、管理/控制部分或执行部分发生短路，不应导致管理/控制部分损坏，但允许更换保险装置	人为将识读部分或执行部分电源输入端短路、管理/控制部分接线端子与相邻端子短路或将没有正负区分的端子成对反接，有故障显示时，试验时间2 min；没有故障显示时，试验时间4 h；恢复熔断器后，查看管理控制部分工作是否正常
12		电源电压适应性	当管理/控制部分电源输入端电压在额定值的85%~110%范围内变化时，门禁系统各部分应能正常工作	将管理/控制部分供电电压分别调整为额定电压值的85%、100%、110%，各持续10 min，之后进行正常启/闭操作，检查功能是否正常
13		过压运行	当管理/控制部分电源输入端电压在额定值的115%时，门禁系统各部分应能正常工作4 h	将管理/控制部分供电电压分别调整为额定电压值的115%，持续4h，之后进行正常启/闭操作，检查功能是否正常

序号	检验项目		检验要求	检验方法
14	基本功能	系统管理功能	（a）显示各设备所在区域的电子地图； （b）在电子地图上显示监区各门的开启/闭合状态； （c）区域权限管理； （d）多时段管理； （e）单点控制、编组控制和一键打开/关闭全部门禁锁具； （f）日志记录，至少包括操作日志、报警日志，并能对日志数据进行查询、统计； （g）系统设置； （h）能存储门禁数据，门禁数据项包括出入目标、出入时间、出入口、通行方向、抓拍图片，出入时间精确到秒；存储空间不足时，提示且能存储最新的门禁数据； （i）图形、文字和语言报警，并对报警信息进行查询和统计	按照系统说明书中的操作方法进行操作，检查各项系统管理功能是否正常
15	性能要求	响应时间	1. 系统的下列主要操作响应时间应小于2 s： （a）除工作在异地核准控制模式外，从识读部分获取一个钥匙的完整信息开始至执行部分开始启闭出入口动作的时间； （b）从操作（管理）员发出启闭指令开始至执行部分开始启闭出入口动作的时间； （c）从执行异地核准控制后，到执行部分开始启闭出入口动作的时间 2. 门禁系统的报警响应时间应小于或等于2 s	测试从识读部分获取一个钥匙的正确、完整信息开始至执行部分开始启闭出入口动作的时间；测试操作员从管理主机上发出启闭指令至执行部分开始启闭出入口动作的时间；按要求触发报警，测试报警触发至产生报警信号的时间
16		计时误差	门禁系统各部分时钟与标准时的计时误差应小于或等于5 s/d	将门禁系统按要求加电运行并与标准时间进行对时，检查门禁系统正常运行1 d后显示时间与标准时间之间的偏差。
17		存储容量	管理/控制部分应能在本地存储 5000条以上门禁数据（不含抓拍图片）； 门禁系统应能存储 150 000 条以上门禁数据	将管理/控制部分与系统软件断开独立运行，检查管理/控制部分本地存储门禁数据的数量；将管理/控制部分与系统软件联通，检查系统存储门禁数据的数量
18		锁具	电子锁应能达到 GA 374-2001 中 B级的要求	按 GA 374-2001 中 B级要求进行试验

序号	检验项目		检验要求	检验方法
18	性能要求	锁具	指纹锁应能达到 GA 701-2007 中 B 级的要求	按 GA 701-2007 中 B 级要求进行试验
			电控锁具,其控制执行部分开启的信号宜采用电子编码开启方式,并应满足: (a) 主锁舌伸出长度应大于或等于14 mm; (b) 应急启闭机械锁应符合 GA/T 73-2015 中 5.1.1、5.1.2、5.2.6、5.7.1 的要求,防技术开启的时间应能达到 1 min; (c) 主锁舌应能承受 6000 N 的侧向静压力,试验后应能正常工作; (d) 应能正常启/闭 6000 次	用标准量具测量电控锁具主锁舌的伸出长度,计算电控锁具的密钥量,并在正常工作情况下启闭电控锁具 6000 次;按 GA/T 73-2015 中规定的试验方法对电控锁具的应急启闭机械锁的锁体结构、锁头结构、钥匙强度和差异量进行检验;在电子拉力试验机上在处于完全伸出状态的电控锁具主锁舌距锁舌端面 5 mm 处以 5 mm/min 速率施加侧向压力至 6000 N,保持 30 s,试验后检查主锁舌是否能够正常工作
19		防护性能	1. 监室与管理通道、放风场所间的门禁系统执行部分,防护性能应符合 GA 526-2010 中的防护要求。执行部分的安装部位,以锁具锁孔为中心,在半径大于或等于 100 mm 的范围内应有加强防护钢板,加强钢板厚度应大于或等于 2 mm	按照系统说明书中的操作方法进行操作,检查各项系统管理功能是否正常
			2. 管理通道与办公区域间的门禁系统执行部分,防护性能应符合 GB 17565-2007 中甲级防破坏性能的要求	按 GA 526-2010 中 6.9.1 规定的方法对交流供电的设备进行抗电强度试验,判定结果是否符合要求
20	安全性	抗电强度	采用交流 220V 供电的设备,其电源插头或电源引入端与外壳裸露的金属部件之间应能承受 GB 16796-2009 中表 1 规定的 45~65 Hz 交流电压抗电强度试验,历时 1 min 应无击穿和飞弧现象	按 GB 16796-2009 中 5.4.3 规定的方法对交流供电的设备进行抗电强度试验,判定结果是否符合要求
21		绝缘电阻	采用交流 220 V 供电的设备,其电源插头或电源引入端与外壳裸露的金属部件之间的绝缘电阻,经相对湿度为 93%±2%、温度为 40 ℃±2 ℃、48 h 的受潮预处理后,应大于或等于 5 MΩ	按 GB 16796-2009 中 5.4.4 规定的方法对交流供电设备的绝缘电阻进行测量,判定结果是否符合要求
22		泄漏电流	采用交流 220 V 供电的设备其泄漏电流应符合 GB 16796-2009 中表 2 的规定	按 GB 16796-2009 中 5.4.6 规定的方法对交流电供电设备的泄漏电流进行测量,判定结果是否符合要求
23		阻燃性	识读部分、执行部分和管理/控制部分的非金属外壳阻燃性应符合 GB 16796-2009 中 5.6.3 的规定	按 GB 16796-2009 中 5.6.3 规定的方法对识读部分的非金属外壳进行阻燃性试验,判定结构是否符合要求

序号	检验项目		检验要求	检验方法
24	可靠性		门禁系统中的按键和按钮连续按压 6 000 次后应能正常使用	在按键疲劳试验机上以 60N 压力、15 次/min~20 次/min 速率进行 6000 次按压试验,试验后检查按键或按钮状态,判定结果是否符合要求
25	电磁兼容性	静电放电抗扰度	静电放电抗扰度试验应符合 GB/T 17626.2-2006 表 1 中严酷等级 3 级的规定,试验过程中和试验后设备应能正常工作	按 GB/T 17626.2-2006 表 1 中严酷等级 3 级条件的规定进行静电放电抗扰度试验,试验过程中和试验后分别检查设备是否能正常工作,判定结果是否符合要求
26		射频电磁场辐射抗扰度	射频电磁场辐射抗扰度试验应符合 GB/T 17626.3-2006 表 1 中严酷等级 3 级的规定,试验过程中和试验后设备应能正常工作	按 GB/T 17626.2-2006 表 1 中严酷等级 2 级条件的规定进行射频电磁场辐射抗扰度试验,试验过程中和试验后分别检查设备是否能正常工作,判定结果是否符合要求
27		电快速瞬变脉冲群抗扰度	采用交流供电的设备其电快速瞬变脉冲群抗扰度试验应符合 GB/T 17626.4-2008 表 1 中严酷等级 2 级的规定,试验过程中和试验后设备应能正常工作	对采用 AC 220 V 供电的设备按 GB/T 17626.4-2008 表 1 中严酷等级 2 级条件的规定进行电快速瞬变脉冲群抗扰度试验,试验过程中和试验后分别检查设备是否能正常工作,判定结果是否符合要求
28		冲击(浪涌)抗扰度	采用交流供电的设备其冲击(浪涌)抗扰度试验应符合 GB/T 17626.5-2008 表 1 中严酷等级 2 级的规定,试验过程中和试验后设备应能正常工作	对采用交流 220 V 供电的设备按 GB/T 17626.5-2008 表 1 中严酷等级 2 级条件的规定进行冲击(浪涌)抗扰度试验,试验过程中和试验后分别检查设备是否能正常工作,判定结果是否符合要求
29		射频场感应的传导骚扰抗扰度	采用交流供电的设备其射频场感应的传导骚扰抗扰度试验应符合 GB/T 17626.6-2008 表 1 中严酷等级 2 级的规定,试验过程中和试验后设备应能正常工作	对采用交流 220 V 供电的设备按 GB/T 17626.6-2008 表 1 中严酷等级 2 级条件的规定进行射频场感应的传导骚扰抗扰度试验,试验过程中和试验后分别检查设备是否能正常工作,判定结果是否符合要求
30		电压暂降、短时中断和电压变化抗扰度	采用交流供电的设备其电压暂降、短时中断和电压变化抗扰度试验应符合 GB/T 17626.11-2008 表 1 中严酷等级 40% U_T、电压暂降持续 10 个周期及 0% U_T、短时中断 10 个周期的规定,试验过程中和试验后设备应能正常工作	对采用交流 220V 供电的设备按 GB/T 17626.11-2008 表 1 中严酷等级:40% U_T、电压暂降持续 10 个周期及 0% U_T、短时中断 10 个周期的条件进行试验,试验过程中和试验后分别检查设备是否能正常工作,判定结果是否符合要求

序号	检验项目	检验要求			检验方法
31	气候环境适应性	试验项目	试验条件	设备状态	按 GB/T 15211-2013 中规定的方法进行高温、低温和恒定湿热试验，试验过程中和试验过程后进行授权钥匙识读，执行部分启/闭操作，判定结果是否符合要求
		高温试验	55 ℃±2 ℃，4 h	工作状态	
		低温试验	−10 ℃±2 ℃，4 h	工作状态	
		恒定湿热试验	40 ℃±2 ℃，相对湿度93%±2%，48 h	非工作状态	
32	机械环境适应性	试验项目	试验条件	设备状态	按 GB/T 15211-2013 中规定的方法进行正弦振动和冲击试验，试验后检查系统设备外观、结构，并进行授权钥匙识读，执行部分启/闭操作，判定结果是否符合要求
		正弦振动试验	频率循环范围：10 Hz～55 Hz；振幅：0.35 mm；扫描频率：1 倍频程/min；振动方向：X、Y、Z；共振点上保持时间：30 min	非工作状态	
		冲击试验	加速度：15 g；脉冲持续时间：11 ms；脉冲次数：6 个面各3次；波形：半正弦波	非工作状态	
33	标志	软件主界面显示产品标志，其内容应包括企业名称、代号、服务电话、版权信息、版本号			人工检查、核对
		外包装箱上应有产品名称、型号、制造厂名、数量、毛重、外部尺寸、出厂日期及"防潮"标志，标志应符合 GB/T 191 的规定			人工检查、核对
34	包装	每套门禁系统应附有出厂检验合格证、使用说明书，使用说明书应包括以下内容：警示信息、操作及维护说明、技术参数、制造日期、服务电话、包装箱应进行防潮处理			人工检查、核对
35	运输	在运输时应严密遮盖，避免淋雨受潮、暴晒，避免与腐蚀性物品混装运送			人工检查、核对
36	贮存	产品应存放在通风干燥、避光的库内，应离地面 250 mm 以上，不应与腐蚀性物品一起贮存			人工检查、核对

7.3.3 智能门禁系统故障处理

1. 智能门禁系统故障案例 1

智能门禁系统故障分析及处理案例 1 如表 7.3.2 所示。

表 7.3.2 故障分析及处理案例 1

故障现象	将卡片靠近读卡器，蜂鸣器不响，LED 指示灯也没有反应，通信正常
可能原因	①读卡器与控制器之间的连线不正确或超过了有效长度； ②读卡器故障； ③控制器故障； ④控制器与电控锁之间的连线不正确； ⑤卡片是否正确
处理方法	原因①：将连接线断开，用万用表认真检测线缆有无开路、短路等现象发生； 原因②③：更换读卡器或者控制器； 原因④：将插头拔开，用万用表重点检测信号线之间有无短路，若连接有其他电子元器件，则检测相关电子元器件有无接反及损坏； 原因⑤：卡片必须和 IC/ID 的读卡器相对应，否则请立即更换

2. 智能门禁系统故障案例 2

智能门禁系统故障分析及处理案例 2 如表 7.3.3 所示。

表 7.3.3 故障分析及处理案例 2

故障现象	将有效卡靠近读卡器，蜂鸣器不响，LED 指示灯变绿，并持续几秒，通信正常
可能原因	①读卡器与控制器之间的连线不正确； ②读卡器故障
判别方法	更换读卡器，若故障仍然存在，则排除原因②
处理方法	原因①：将连接线断开，用万用表认真检测线缆有无开路、短路等现象发生

3. 智能门禁系统故障案例 3

智能门禁系统故障分析及处理案例 3 如表 7.3.4 所示。

表 7.3.4 故障分析及处理案例 3

故障现象	将有效卡靠近读卡器，蜂鸣器响一声，LED 指示灯无变化
可能原因	①读卡器与控制器之间的连线不正确； ②读卡器故障
判别方法	更换读卡器，若故障仍然存在，则排除原因②
处理方法	原因①：检查线路

4. 智能门禁系统故障案例 4

智能门禁系统故障分析及处理案例 4 如表 7.3.5 所示。

表 7.3.5　故障分析及处理案例 4

故障现象	读卡器 LED 指示灯常绿,不读卡,门锁一直打开,通信正常。
可能原因	① 操作人员将门禁器状态设置为常开,或其他原因导致控制器处于常开状态; ② 控制器故障
处理方法	原因①②:将门锁控制器状态设为正常,若故障现象仍然存在,则更换控制器

5. 智能门禁系统故障案例 5

智能门禁系统故障分析及处理案例 5 如表 7.3.6 所示。

表 7.3.6　故障分析及处理案例 5

故障现象	读卡器 LED 指示灯常红,不读卡,门锁一直处于关闭状态,通信正常
可能原因	① 操作人员将门禁器状态设置为常闭,或其他原因导致控制器处于常闭状态; ② 控制器故障
处理方法	原因①②:将门锁控制器状态设为正常,若故障现象仍然存在,则更换控制器

6. 智能门禁系统故障案例 6

智能门禁系统故障分析及处理案例 6 如表 7.3.7 所示。

表 7.3.7　故障分析及处理案例 6

故障现象	门禁器使用一直正常,某一天突然发现所有的有效卡均不能开门(变为无效卡)
可能原因	① 操作人员将门禁器设置了休息日(在休息日所有有效卡都不能开门); ② 操作人员将门禁器进行了初始化操作或其他原因导致控制器执行了初始化命令; ③ 控制器故障
处理方法	原因①:将门锁控制器休息日标记去掉,若故障现象仍然存在,则排除原因①; 原因②:先提取门禁器出入信息,再做初始化操作,然后恢复用户信息,再设置控制器时钟,若故障现象仍然存在,则排除原因②; 原因③:更换控制器

7. 智能门禁系统故障案例 7

智能门禁系统故障分析及处理案例 7 如表 7.3.8 所示。

表 7.3.8　故障分析及处理案例 7

故障现象	将有效卡靠近读卡器,蜂鸣器响一声,LED 指示灯变绿,并持续几秒,但门锁未打开
可能原因	① 控制器与电控锁之间的连线不正确; ② 控制器与电控锁之间的接口电路故障; ③ 电控锁故障; ④ 锁舌与锁扣发生机械性卡死; ⑤ 控制器故障

故障现象	将有效卡靠近读卡器，蜂鸣器响一声，LED 指示灯变绿，并持续几秒，但门锁未打开
判别方法	原因①②：将插头插好，读卡（有效卡）后用万用表测电控锁电源线之间无电压，这时应重点检查控制器与电控锁之间的连线及其之间的接口电路，检查连线是否有错，接口电路中的元器件如继电器、续流二极管等是否损坏、接反、是否连接正确； 原因③：将插头插好，读卡（有效卡）后用万用表测电控锁电源线之间电压是否正常，若正常，则表明电控锁故障； 原因⑤：将插头拔开，读卡（有效卡）后用万用表测电源线之间电压是否约为 DC 12 V，此电压若正常，则排除原因⑤
处理方法	同上

8. 智能门禁系统故障案例 8

智能门禁系统故障分析及处理案例 8 如表 7.3.9 所示。

表 7.3.9 故障分析及处理案例 8

故障现象	读卡器指示灯不亮，读卡后蜂鸣器不响，通信也不正常
可能原因	① 电源变压器损坏； ② 电源变压器与电源插座之间接触不好； ③ 控制器故障。
判别方法	将插头拔开，用万用表测其电压是否为 DC12V 左右，此电压若正常，则排除原因①、②
处理方法	更换损坏的设备

9. 智能门禁系统故障案例 9

智能门禁系统故障分析及处理案例 9 如表 7.3.10 所示。

表 7.3.10 故障分析及处理案例 9

故障现象	整个系统中所有控制器均不能跟计算机通信
可能原因	① 计算机串口故障； ② 计算机串口跟网络扩展器之间的连接线开路； ③ 网络扩展器故障，或掉电（可能性较大）； ④ 信号总线在网络扩展器一侧出现断路、接反，或跟网络扩展器插接的水晶头接触不好； ⑤ 信号线在整个长度范围内某一处出现短路； ⑥ 系统内的所有设备号均相同； ⑦ 系统内的所有设备均出现故障（可能性较小）； ⑧ 使用了不符合产品约定的信号线，或使用了劣质的信号线
判别方法	将控制器放置在计算机附近，测试通信情况，若正常则排除原因①、②、③
处理方法	更换网络扩展器；将所有控制器及网络扩展器通信口的水晶头拔开，用万用表仔细检查信号线是否存在短路的现象；反复检查每条局部信号线跟信号总线之间的连接是否一一对应；检查网络扩展器一侧水晶头跟网络扩展器的连接是否良好（插头插入插座时应听到清脆的"嗒"声）

模块小结

  智能门禁系统是新型现代化安全管理系统，它集微机自动识别技术和现代安全管理措施为一体，涉及电子，机械，光学，计算机技术，通信技术，生物技术等诸多新技术。它是解决重要部门出入口实现安全防范管理的有效措施。该模块需要学习掌握智能门禁系统功能和系统组成，智能门禁系统工程的施工工艺流程和施工准备工作内容，智能门禁系统工程验收标准和验收要点。

问题与思考

1. 智能门禁系统由哪些部分组成？各部分需要完成哪些功能？
2. 智能门禁控制系统有哪些分类？
3. 智能门禁控制系统的基本功能有哪些？扩展功能又有哪些？
4. 智能门禁系统可以应用在哪些场合？
5. 智能门禁系统施工工艺流程是怎样的？
6. 智能门禁系统施工准备包括哪些？
7. 智能门禁系统路由通道技术、线缆敷设、设备安装、设备调试技术规范包括哪些？
8. 智能门禁系统工程施工的过程中需要注意哪些问题？
9. 智能门禁系统检测内容包括哪些？
10. 智能门禁管理系统检查项目包括哪些？

技能训练

实训名称	智能门禁系统设计方案
实训目的	1. 学会分析用户需求提出设计方案。 2. 学会使用 AutoCAD 软件，依据设计方案和现场勘察的情况绘制工程图纸。 3. 学会套用信息通信工程概预算定额，依据设计方案和工程图纸编制工程概预算
实训条件	实地现场勘察、概预算软件、AutoCAD 软件
实训内容	1. 以 3 人小组（其中 1 人负责方案书编制、1 人负责概预算编制、1 人负责工程图纸绘制）为单位组织教学，任课教师可以在学习本章节时布置本实训任务，学生边学习后续章节，边进行智能门禁系统设计，待本模块结束时学生再提交设计方案书、概预算和图纸。 2. 每个学生小组可以任选智能门禁系统设计内容，也可以有任课教师指定设计内容。 3. 方案书包括设计原则、设计依据、用户需求分析、产品选型、各子系统设计，具体案例见教材相应章节。 4. 工程概预算需要填写表一、表二、表三（甲、乙、丙）、表四和表五，可以使用预算软件，也可以手工计算，具体案例见信息通信工程概预算定额册及费用定额册。 5. 工程图纸采用 AutoCAD 软件绘制，需要绘制管线图、系统图、建筑平面图、机柜设备布置图，具体案例见教材相应章节

参考文献

[1] 中华人民共和国住房和城乡建设部. GB 50314-2015 智能建筑设计标准[S]. 北京：中国计划出版社出版，2015.

[2] 中华人民共和国住房和城乡建设部. GB 50339-2013 智能建筑工程质量验收规范[S]. 北京：中国计划出版社出版，2013.

[3] 中华人民共和国住房和城乡建设部. GB/T50311-2016 综合布线系统工程设计规范[S]. 北京：中国计划出版社出版，2016.

[4] 中华人民共和国住房和城乡建设部. GB/T50312-2016 综合布线工程验收规范[S]. 北京：中国计划出版社出版，2016.

[5] 中华人民共和国建设部. GB50395-2015 视频安防监控系统工程设计规范[S]. 北京：中国计划出版社出版，2015.

[6] 中华人民共和国住房和城乡建设部，国家市场监督管理总局. GB50198-2011 民用闭路监视电视系统工程技术规范[S]. 北京：中国计划出版社出版，2011.

[7] 中华人民共和国住房和城乡建设部，国家市场监督管理总局. GB50348-2018 安全防范工程技术标准[S]. 北京：中国计划出版社出版，2018.

[8] 张振中. 综合布线工程[M]. 北京：人民邮电出版社，2013.